Josef-Friedrich Borkowski
Socratis quae feruntur epistolae
Edition, Übersetzung, Kommentar

Beiträge zur Altertumskunde

Herausgegeben von
Ernst Heitsch, Ludwig Koenen,
Reinhold Merkelbach, Clemens Zintzen

Band 94

Springer Fachmedien Wiesbaden GmbH

Socratis quae feruntur epistolae

Edition, Übersetzung, Kommentar

Von
Josef-Friedrich Borkowski

Springer Fachmedien Wiesbaden GmbH 1997

Die Deutsche Bibliothek – CIP-Einheitsaufnahme

Borkowski, Josef-Friedrich:
Socratis quae feruntur epistolae: Edition, Übersetzung, Kommentar /
von Josef-Friedrich Borkowski.
(Beiträge zur Altertumskunde; Bd. 94)
Zugl.: Regensburg, Univ., Diss., 1995/96
ISBN 978-3-663-12365-1   ISBN 978-3-663-12364-4 (eBook)
DOI 10.1007/978-3-663-12364-4

NE: GT

Vorwort

Der vorliegenden Arbeit liegt meine im Wintersemester 1995/96 von der Philosophischen Fakultät IV (Sprach- und Literaturwissenschaften) der Universität Regensburg angenommene und für den Druck leicht überarbeitete Dissertation zugrunde. Sie wurde von Herrn Prof. Dr. Hans Gärtner angeregt und in jeder nur erdenklichen Weise gefördert. Ich nehme gerne die Gelegenheit wahr, um mich bei ihm auch an dieser Stelle ausdrücklich für seine nie enden wollende Geduld sowie das wohltuende Verständnis zu bedanken, das er dem im Schuldienst tätigen Doktoranden über all die Jahre hinweg entgegengebracht hat. Für das Erscheinen der Arbeit in der vorliegenden Form bin ich den Herausgebern der BEITRÄGE ZUR ALTERTUMSKUNDE verpflichtet, insbesondere Herrn Prof. Dr. Ernst Heitsch, dem ich für sein persönliches Engagement ganz besonders herzlich danke. Gewidmet sei diese Arbeit dem Andenken an meinen verstorbenen Seminarlehrer, Herrn Dr. Hans Ramersdorfer, als bescheidener Dank dafür, daß er dem Referendar, wo er nur konnte, das Rückgrat gestärkt hat.

Pfünz, im Herbst 1996   Jos.-Friedrich Borkowski

0 Literaturverzeichnis

A) Literatur zur antiken Epistolographie und zu den Briefen des Sokrates

Allatius	L. Allatius, Socratis, Antisthenis et aliorum Socraticorum epistolae, Paris 1637
Anonymus	o.N., Rezension von Köhler, in: BAGB (1929), Supplément Critique 91-93
Bentley	R. Bentley, Abhandlungen über die Briefe des Phalaris, Themistocles, Socrates, Euripides und über die Fabeln des Aesop. Deutsch von Woldemar Ribbeck, Leipzig 1857
Bock Cano	L. de Bock Cano, Estudio sobre el léxico de las cartas de Sócrates, in: Habis 8 (1977) 23-55
Cast. Boll.	L. Castiglioni, Rezension von Syk. Mon., in: BFC 40 (1934) 217-221
Cast. Dec.	L. Castiglioni, Decisa forficibus II, in: Rendiconti dell' Istituto Lombardo. Classe di Lettere, Scienze Morali e Storiche 71 (1938) 180-182
Cast. Gnom.	L. Castiglioni, Rezension von Köhler, in: Gnomon 6 (1930) 217-219
Chantraine	P. Chantraine, Rezension von Köhler, in: Revue Critique d' Histoire et de Littérature (1929) 196
Cherniss	H. Cherniss, Rezension von Syk. Mon., in: AJPh 55 (1934) 289f.

2

Crönert	W. Crönert, Rezension von Syk. Mon., in: Gnomon 12 (1936) 146-152
Döring Epikt.	K. Döring, Sokrates bei Epiktet, in: K. Döring-W. Kullmann (Hrsgg.), Studia Platonica, Festschrift H. Gundert, Amsterdam 1974, 195-226
Döring Sok.	K. Döring, Exemplum Socratis. Studien zur Sokratesnachwirkung in der kynisch-stoischen Popularphilosophie der frühen Kaiserzeit und im frühen Christentum, Hermes Einzelschriften 42, Wiesbaden 1979
Düring	I. Düring, Chion of Heraclea. A Novel in Letters, Acta Universitatis Gotoburgensis, Göteborgs Högskolas Årsskrift Bd. LVII Nr. 5, Göteborg 1951 (Nachdruck New York 1979)
Fiore	B. Fiore, The function of personal example in the Socratic and pastoral epistles, Analecta Biblica 105, Rome 1986
Giannantoni	G. Giannantoni, Socrate. Tutte le testimonianze da Aristofane e Senofonte ai Padri Cristiani, Bari 1971 ([2]1986)
Gößwein	H.-U. Gößwein, Die Briefe des Euripides, Beiträge zur klassischen Philologie 55, Meisenheim am Glan 1975
Hercher	R. Hercher, Epistolographi Graeci, Paris 1873 (Nachdruck Amsterdam 1965)
Holzberg	N. Holzberg, Der griechische Briefroman. Versuch einer Gattungstypologie, in: N. Holzberg (Hg.), Der griechische Briefroman. Gattungstypologie und Textanalyse, Classica Monacensia 8, Tübingen 1994, 1-52
Imhof	M. Imhof, Sokrates und Archelaos. Zum 1. Sokratesbrief, 1. Teil in: MH 39 (1982) 71-81, 2. Teil in: MH 41 (1984) 1-14

Kakridis

J.Th. Kakridis, Nachruf auf Joh. Sykutris, in: Bursian's Jahresberichte über die Fortschritte der klassischen Altertumswissenschaft 275 (1941) 36-48

Köhler

L. Köhler, Die Briefe des Sokrates und der Sokratiker, Philologus Suppl. XX Heft 2, Leipzig 1928

Obens

W. Obens, Qua aetate Socratis et Socraticorum epistulae quae dicuntur scriptae sint, Münster 1912

Orelli

J.C. Orelli, Socratis et Socraticorum, Pythagorae et Pythagoreorum quae feruntur epistolae, Leipzig 1815

Pavlu

J. Pavlu, Rezension von Syk. Mon., in: PhW 54 (1934) 401-407

Reuters

F.H. Reuters, De Anacharsidis epistulis, Diss. Bonn 1957 (in gekürzter zweisprachiger Fassung: Die Briefe des Anacharsis, Schriften und Quellen der Alten Welt 14, Berlin 1963)

Rosenmeyer

P.A. Rosenmeyer, The epistolary novel, in: J.R. Morgan - R. Stoneman (edd.), Greek fiction. The Greek novel in context, London-New York 1994, 146-165

Schering

O. Schering, Symbola ad Socratis et Socraticorum epistulas explicandas, Diss. Greifswald 1917

Souilhé

J. Souilhé, Rezension von Syk. Mon., in: REG 48 (1935) 353f.

Städele

A. Städele, Die Briefe des Pythagoras und der Pythagoreer, Beiträge zur klassischen Philologie 115, Meisenheim am Glan 1980

Syk. Mon.

J. Sykutris, Die Briefe des Sokrates und der Sokratiker, Studien zur Geschichte und Kultur des Altertums Bd.

4

XVIII Heft 2, Paderborn 1933 (Nachdruck New York/
London 1968)

Syk. PhW

J. Sykutris, Die handschriftliche Überlieferung der Sokratikerbriefe, in: PhW 48 (1928) 1284-1295

Syk. RE

J. Sykutris, Art. 'Sokratikerbriefe', RE Suppl. 5 (1931)
981-987

Taylor

A.E. Taylor, Rezension von Köhler, in: ClR 43 (1929)
22f.

Wankel

H. Wankel, Demosthenes. Rede für Ktesiphon über den
Kranz, 2 Halbbände, Heidelberg 1976

B) Literatur zur Überlieferungsgeschichte anderer Briefsammlungen

Ament

E.J. Ament, The Vatican Manuscripts of the Greek Letters of Brutus, Diss. St. Louis University 1958

Baiter-Sauppe

J.G. Baiter - H. Sauppe, Oratores Attici, Turici 1840
(Nachdruck Hildesheim 1967)

Bandinius

A.M. Bandinius, Catalogus codicum Graecorum Bibliothecae Laurentianae, vol. II, Florentiae 1763 (Nachdruck
Leipzig 1961)

Bidez-Cumont Recherches

J. Bidez - F. Cumont, Recherches sur la tradition manu-
scrite des lettres de l'empereur Julien, in: Mémoires cou-
ronnés et autres mémoires publiés par l'Académie Royale
des sciences, des lettres et des beaux-arts de Belgique,
Collection in 8°, tome LVII, premier fascicule: Sciences,
Bruxelles 1898

Bidez-Cumont Iulian   J. Bidez - F. Cumont, Imperatoris Caesaris Flavii Claudii Iuliani epistulae leges poematia fragmenta varia, Paris 1922

Blass   F. Blass, Aeschines, Orationes, Leipzig ^{2}1908 (ed. corr. iterum correxit U. Schindel, Stuttgart 1978)

Buonocore   M. Buonocore, Bibliografia dei fondi manoscritti della Biblioteca Vaticana 1968-1980, Studi e Testi 318, Città del Vaticano 1986

Canart-Peri   P. Canart - V. Peri, Sussidi bibliografici per i manoscritti greci della Biblioteca Vaticana, Studi e Testi 261, Città del Vaticano 1970

Ceresa   M. Ceresa, Bibliografia dei fondi manoscritti della Biblioteca Vaticana 1981-1985, Studi e Testi 342, Città del Vaticano 1991

Dilts   M.R. Dilts, Scholia in Aeschinem, Stuttgart/Leipzig 1992

Drerup Aeschines   E. Drerup, Aeschinis quae feruntur epistolae, Leipzig 1904

Drerup Isocrates   E. Drerup, Isocratis opera omnia, vol. I, Leipzig 1906

Drerup Vulgata   E. Drerup, Die Vulgataüberlieferung der Isokratesbriefe, in: Blätter für das bayer. Gymnasialschulwesen 37 (1901) 348 - 361

Garzya Inventario   A. Garzya, Inventario dei manoscritti delle Epistole di Sinesio, in: Estratto dagli 'Atti' dell' Accademia Pontaniana, Nuova Serie, vol. XXII, Napoli 1973, 259ff.; 286 ff. (als Teil XXI wieder abgedruckt in: A. Garzya, Storia e interpretazione di testi bizantini, London 1974)

Garzya Synesius   A. Garzya, Synesii Cyrenensis epistolae, Romae 1979

6

Heinemann

O. v. Heinemann - F. Köhler, Die Handschriften der herzoglichen Bibliothek zu Wolfenbüttel, IV. Abt., Wolfenbüttel 1913

Lehmann

O. Lehmann, Die tachygraphischen Abkürzungen der griechischen Handschriften, Leipzig 1880 (Nachdruck Hildesheim 1965)

Mercati-Franchi

J. Mercati - P. Franchi de' Cavalieri, Codices Vaticani Graeci, tom. I, Romae 1923

Mogenet

J. Mogenet, Codices Barberiniani Graeci, tom. II (codd. 164-281), in Bibliotheca Vaticana MCMLXXXIX

Müseler

Die Kynikerbriefe. 1. Die Überlieferung von E. Müseler. Mit Beiträgen und dem Anhang 'Das Briefcorpus Ω' von M. Sicherl. 2. Kritische Ausgabe mit deutscher Übersetzung von E. Müseler, Paderborn/München/Wien/Zürich 1994 (Studien zur Geschichte und Kultur des Altertums, Neue Folge, 1. Reihe, Bd. 6 und 7)

Nares

R. Nares, A Catalogue of the Harleian Manuscripts in the British Museum, vol. III, London 1808

Omont

H. Omont, Inventaire Sommaire des Manuscrits Grecs de la Bibliothèque Nationale, vol. III, Paris 1888

Penella

R.J. Penella, The letters of Apollonios of Tyana. A critical text with Prolegomena, Translation and Commentary, Leiden 1979

Reiske

J.J. Reiske, Oratores Graeci, tom. III, Leipzig 1771

de Ricci

S. de Ricci, Liste sommaire des manuscrits grecs de la Bibliotheca Barberina, in: Revue des Bibliothèques 17 (1907) 81-125

Roncali   R. Roncali, Lista dei manoscritti di Eschine Licurgo Li-
                 sia, in: Annali della Facoltà di Lettere e Filosofia,
                 Univ. Bari, vol. XIV (1969) 379 - 399

Sabatucci   A. Sabatucci, Alcune note sulle epistole di Chione, in:
                 SIFC 14 (1906) 374 - 414

Schafstaedt   H. Schafstaedt, De Diogenis epistulis, Diss. Göttingen
                 1892

Schepers   M.A. Schepers, Alciphronis rhetoris epistularum libri
                 IV, Leipzig 1905 (Stuttgart 1969)

Stevenson   H. Stevenson sen., Codices manuscripti Palatini Graeci
                 Bibliothecae Vaticanae, Romae 1885

Tudeer   L.O.Th. Tudeer, The Epistles of Phalaris. Preliminary
                 Investigation of the Manuscripts, Helsinki 1931

Turyn   A. Turyn, Codices Graeci Vaticani Saeculis XIII et XIV
                 Scripti Annorumque Notis Instructi ... Tabulis CCV Pho-
                 totypice Expressis, in Civitate Vaticana MCMLXIV

Usener   H. Usener, in: Jahrbücher für classische Philologie 107
                 (1873) 146-148

Vogel-Gardthausen M. Vogel - V. Gardthausen, Die griechischen Schreiber
                 des Mittelalters und der Renaissance, Leipzig 1909
                 (Nachdruck Hildesheim 1966)

C) Grammatikalische und lexikographische Werke

Bauer-Aland   W. Bauer, Griechisch - deutsches Wörterbuch zu den
                 Schriften des Neuen Testaments und der frühchristlichen

Literatur, 6. völlig neu bearbeitete Auflage hrsg. von K. und B. Aland, Berlin/New York 1988

Blaß-Debrunner

F. Blaß - A. Debrunner, Grammatik des neutestamentlichen Griechisch, bearb. von F. Rehkopf, 16. durchgesehene Auflage, Göttingen 1984

Denniston

J.D. Denniston, The Greek Particles, Oxford [2]1978

Gignac

F.Th. Gignac, A Grammar of the Greek Papyri of the Roman and Byzantine Periods, vol. I: Phonology, vol. II: Morphology, Testi e Documenti per lo studio dell' Antichità LV, Milano 1976 und 1981

Hatzidakis

G.N. Hatzidakis, Einleitung in die neugriechische Grammatik, Leipzig 1892 (Nachdruck Hildesheim/New York 1977)

Kühner-Blaß

R. Kühner - F. Blaß, Ausführliche Grammatik der griechischen Sprache. 1. Teil: Elementar- und Formenlehre, 3. Auflage in 2 Bänden, Hannover 1890 und 1892

Kühner-Gerth

R. Kühner - B. Gerth, Ausführliche Grammatik der griechischen Sprache. 2. Teil: Satzlehre, 3. Auflage in 2 Bänden, Hannover 1898 und 1904

Lampe

G.W.H. Lampe, A Patristic Greek Lexicon, Oxford 1961 (mit mehreren Nachdrucken)

LSJ

H.G. Liddell - R. Scott, Greek-English Lexicon. New edition by H. Stuart Jones, Oxford 1925-1940 (mit zahlreichen Nachdrucken und einem Supplement, ed. by E. A. Barber, Oxford 1968)

Passow

F. Passow, Handwörterbuch der griechischen Sprache, neu bearb. von V. Rost und F. Palm, Leipzig 1841-1857 (Nachdruck Darmstadt 1983)

Schmid	W. Schmid, Der Atticismus in seinen Hauptvertretern von Dionysius von Halikarnass bis auf den zweiten Philostratus, 5 Bände, Stuttgart 1887, 1889, 1893, 1896, 1897 (Nachdruck Hildesheim 1964)
Schwyzer	E. Schwyzer - A. Debrunner, Griechische Grammatik. 2 Bände, München 1939 (^{3}1953) und 1950 (=HbAW 2,1, 1.2)
Veitch	W. Veitch, Greek Verbs Irregular and Defective, Oxford 1887 (Nachdruck Hildesheim 1967)

1 Einführung

Im Jahre 1928 veröffentlichte Johannes Sykutris einen Aufsatz, der - als Vorarbeit zu einer erstmals die gesamte handschriftliche Überlieferung heranziehenden Ausgabe der sog. Sokratikerbriefe gedacht - eine kurze Beschreibung jener Handschriften bietet, die diese Briefsammlung ganz oder teilweise erhalten haben, sowie deren gegenseitiges Abhängigkeitsverhältnis klarzulegen versucht[1]. Vom selben Autor erschienen dann 1931 der Artikel 'Sokratikerbriefe'[2] und nur zwei Jahre später eine ausführliche, u.a. auch Quellen-, Verfasser- und Datierungsfragen eingehend untersuchende Interpretation der einzelnen Briefe, in deren Vorwort es u.a. heißt: "Eine wirklich kritische Ausgabe steht ... immer noch aus. Eine solche habe ich fertiggestellt und hoffe sie in nicht ferner Zukunft als erstes Heft einer neuen kritischen Edition der Epistolographi Graeci an die Öffentlichkeit bringen zu können."[3]

Dazu ist es nicht mehr gekommen: in der Nacht vom 20. auf den 21. September 1937 erlag Johannes Sykutris einem Herzschlag[4]. Das Desiderat eines kritischen Textes der Sokratikerbriefe geriet damit aber offenkundig in Vergessenheit, und so steht eine wirklich kritische Ausgabe dieser Beispiele antiker Trivialliteratur auch heute immer noch aus[5].

---

[1] Vgl. Syk. PhW 1284-1295.

[2] Syk. RE 981-987. - Sykutris verwertet hier bereits die Ergebnisse seiner "Untersuchungen über Verfasser, Tendenzen, Quellen, Chronologie, Sprache und Stil, die demnächst gedruckt werden sollen" (a.O. 982). Sie waren bereits 1929 bis auf "kleine, ganz unerhebliche Änderungen" (Syk. Mon. Vorwort o.S.) abgeschlossen und niedergeschrieben. Dazu zählt auch die Modifizierung seiner früheren Ansicht über das Verhältnis der beiden Handschriften Vaticanus Graecus 64 und Helmstadiensis 806 zueinander (vgl. dazu unten S. 22).

[3] Syk. Mon. 12. Ähnlich optimistisch RE 982: "Eine kritische Ausgabe fehlt noch; sie wird demnächst (nebst anderen Resten der Sokratikerepistolographie) als Einzelheft meiner Ausgabe der Epistolographi Graeci im Auctarium Weidmannium erscheinen." Nach Kakridis (39) hatte Sykutris die Arbeit am Manuskript der ersten beiden Hefte mit den Briefen des Themistokles und der Sokratiker bereits abgeschlossen; daß er "bei der Behandlung dieser schlecht überlieferten Werke die Gelegenheit fand, Hunderte von meistens wahrscheinlichen, nicht selten glänzenden Textverbesserungen vorzuschlagen, war zu erwarten" (a.a.O.).

[4] So jedenfalls die offizielle Version; vgl. Kakridis 42 und den Nachruf von A. Körte in: Gnomon 14 (1938) 62-63.

[5] Imhof (71) noch 1982: "Über die Verwandtschaften und damit über die Textkonstitution ist erst zu entscheiden, wenn alle Handschriften mit Sokrates- und Sokratikerbriefen eruiert und neu kollationiert sind."

Hier soll versucht werden, diese Lücke wenigstens teilweise[6] zu schließen und auf der Grundlage aller Handschriften[7] mit Sokratesbriefen eine Edition mit Kommentar von zunächst nur jenen 7 Briefen[8] vorzulegen, als deren fiktiver Verfasser Sokrates selbst erschlossen werden kann bzw. ausdrücklich überliefert ist[9].

---

[6] Im Interesse der gebotenen Gründlichkeit von Recensio, Ausgabe und Kommentar wurde bewußt darauf verzichtet, das gesamte Corpus der Sokratikerbriefe vorzulegen, wie dies zuletzt Liselotte Köhler (Die Briefe des Sokrates und der Sokratiker, Leipzig 1928) versucht hat (vgl. dazu Syk. Mon. 11f.).

[7] Die in Frage kommenden Codices - sie alle hatte auch Sykutris schon ermitteln können - standen mir als Mikrofilm zur Verfügung. Zur Möglichkeit entgangener oder übersehener Handschriften vgl. Gößwein 31.

[8] Die Frage, ob diese Briefe mit Sykutris (Mon. 12. 106-122. Vgl. auch Fiore 103.106-107.113.134-135; Rosenmeyer 151) vom übrigen Corpus der Sokratikerbriefe abzutrennen und einem eigenen Verfasser zuzuweisen sind oder (so Holzberg 38ff.) zusammen mit den übrigen Briefen (einschließlich des Speusipp-Briefes ep. 28?) einen vollständig erhaltenen Briefroman ergeben, braucht im Rahmen der hier vorgelegten Edition nicht entschieden zu werden.

[9] "Ein kurzes Billet an Platon auf den platonischen 'Kriton' bezüglich" (Syk. RE 982) haben Hercher LXIX und Giannantoni (Socrate. Tutte le testimonianze, Bari 1986, 427; Socratis et Socraticorum reliquiae, vol. 1, Napoli 1990, 308f.) im Anschluß an Boissonade (Notices et Extraits des Mss. de la bibl. du Roy, t. XI P 2, p. 51) als Sokratesbrief VII b in ihre Ausgaben bzw. Übersetzungen aufgenommen. Es hat jedoch mit unserer Sammlung nichts zu schaffen und findet daher auch in dieser Arbeit keine Berücksichtigung (vgl. auch Syk. PhW 1285. RE 982).

2 Analyse der Briefe

2.1 Sprache und Stil

Der Verfasser der Sokratesbriefe schreibt in einem vorwiegend klassischen Attisch[1]; nicht selten findet sich aber auch z.T. erheblich jüngeres Sprachmaterial. Erst seit hellenistischer Zeit denkbar sind z.B.[2] die Adjektive περικατάληπτος (1,9,78) und λιτός (6,2, 14), das Hapax legomenon παλιμπράτης (1,1,5), die Schreibung πρόσθεμα statt -ημα (1,4,32) oder der Lautstand in den Formen γινώμεθα (5,2,11) bzw. γίνεται (6,10,78). In das 1. Jahrhundert n. Chr. verweisen demgegenüber Substantive wie ἀφιλοχρηματία (5,2,15) und ἀντικατάλλαγμα (6,10,76) oder die Formulierung κατ' ὄψιν ἐντυχόντες ἀλλήλοις (6,12,98f.). Sichere Belege aus dem 2. Jahrhundert n. Chr. (oder später) fehlen[3].

Entschiedener Attizismus liegt dem Autor fern; ein gewisser Partikelreichtum[4], die Nachlässigkeit bei der Vermeidung von Hiaten[5] und der noch zaghafte Versuch einer Reaktivierung des Duals (5,2,14 δυοῖν τούτοιν; 6,1,2f. τοῖν μὲν ξένοιν ... αὐτοῖν) berechtigen jedoch dazu, mit Imhof (75) von einer attisierenden Tendenz unserer Briefe zu sprechen.

---

[1] Syk. Mon. 109; vgl. Bock Cano 52-53.

[2] Im folgenden sind lediglich repräsentative Einzelbeispiele angeführt; ausführlicher die Behandlung der einschlägigen Stellen im Kommentar.

[3] Die von Bock Cano (24.38-39.45.52) - auf der Grundlage von LSJ (vgl. Bock Cano 28 A. 12) - für eine Datierung der Briefe in das 2. Jh. n. Chr. angeführten Beispiele (1,1,9 πιπράσκειν. 2,17 παρακατα-θῶμαι. 3,26 τηρεῖν; 6,3,20 ἐπακτοῖς. 4,30 εἴη; 7,4,36f. ἀφορμῆς ἐπιλάβοιτο) sind alle bereits früher belegt: vgl. die entsprechenden Stellen im Kommentar.

[4] Vgl. Obens 66-67. - Bekanntlich geht der Gebrauch von Partikeln seit hellenistischer Zeit mehr und mehr zurück (Blaß-Debrunner § 107,1; Schwyzer 2,556.633) und blüht erst im Attizismus wieder auf (Schmid 1,179).

[5] Hiatprophylaxe gilt seit Isokrates als für alle Kunstprosa verpflichtende Grundregel, über die sich erst Strabon und Philon hinwegzusetzen beginnen (vgl. Schmid 4,469ff.); aus "dem energischen Zurückgehen auf die alte vorisokrateische Atthis dürfte es sich ... erklären, daß seit der hadrianischen Zeit das Hiatgesetz im allgemeinen aufgehoben erscheint" (Norden Kunstprosa 1,361). Auch nur flüchtige Lektüre belegt, daß bei unserem Autor von sorgfältiger Hiatprophylaxe nicht die Rede sein kann (so schon Obens 7.73f.); für eine Datierung ist diese Beobachtung allerdings unter Vorbehalt bzw. nur in Verbindung mit anderen Indizien zu verwerten (vgl. Gößwein 14-15.29), zumal wenn es sich wie bei unseren Briefen um "kynisierende Diatriben" (Döring Sok. 114. Vgl. unten S. 14) handelt, für die ein Verstoß gegen rhetorische Konventionen beinahe schon verpflichtend war; vgl. Lukian. vit. auct. 10: βάρβαρος δὲ ἡ φωνὴ ἔστω καὶ ἀπηχὲς τὸ φθέγμα καὶ ἀτεχνῶς ὅμοιον κυνί (Reuters 137).

Charakteristisch für deren Stil[6] sind Perioden wie ep. 1,2,16-26, 6,2,16-23 oder 6,5,40-46, die wegen ihrer Länge so unübersichtlich erscheinen, daß man sich mit Obens (66) an das Urteil des Dionysios von Halikarnaß[7] über Autoren wie Duris, Phylarchos oder Polybios erinnert fühlt. Der Verfasser ist zwar darauf bedacht, seinen Perioden durch eine formal und sprachlich sehr bewußte Anordnung der Materialien[8] Konzinnität und Gleichgewicht zu verleihen, ohne dieselben Worte zu wiederholen[9]; allzu oft gelingt ihm dabei jedoch lediglich ein verschnörkelt-verschraubtes[10] "Aneinanderreihen, Umspielen, Variieren, Zerfasern von übernommenen Themen, die dann häufig nicht genau aufeinanderpassen"[11]. Gemessen am Prosaideal erweisen sich unsere Briefe deshalb als "zweit- oder drittrangig"[12]; ihr in manchen Partien geradezu qualvoll geschraubter Stil[13] ohne gedankliche Substanz, Bewegung und Präzision[14] verbietet es, dem Verfasser mit Sykutris (Mon. 109.121) einen hohen Rang unter den späteren Epistolographen zuerkennen zu wollen oder ihn gar einen "Isokrateer"[15] zu nennen.

---

[6] In seiner Untersuchung hat Imhof für den 1. Sokratesbrief eine vorzügliche Stilanalyse vorgelegt, deren Ergebnisse sich auch auf die Briefe 2-7 übertragen lassen. Ein ausführlicherer Abschnitt über den Stil des Autors erübrigt sich deshalb, zumal er in der von Imhof (72) angeregten Form den Umfang der vorliegenden, eher sprachlich orientierten Arbeit hätte sprengen müssen.

[7] τοιαύτας συντάξεις κατέλιπον οἵας οὐδεὶς ὑπομένει μέχρι κορωνίδος διελθεῖν (comp. 4,15).

[8] Imhof 81. Vgl. vor allem die ausgeprägte Vorliebe des Autors für Sperrungen, Doppelungen, Antithesen oder Chiasmen.

[9] Vgl. Syk. Mon. 109f. mit Beispielen.

[10] Imhof 77.

[11] Imhof 81. Das Unbehagen des Lesers - Stilmerkmal unserer Briefe (a.O. 76) - "rührt von einem Hauptcharakteristikum aller Trivialliteratur her, nämlich davon, dass Gedanke und Sprachform nicht genau aufeinanderpassen, hier genauer davon, dass Motive verschiedener Herkunft oft im selben Satz in rhetorisch-stilistischer Absicht zusammengeklittert werden. ... Und gerade dort, wo die Autoren das Material neu kombinieren, entkleiden sie es seiner inhaltlichen und sprachlichen Eigenart in Richtung auf eine unpräzise Verallgemeinerung hin, welche ihnen erlaubt, von Gedankenform und Herkunft her gar nicht Zusammengehöriges und Zusammenpassendes anhand von rhetorischen Schulschemata miteinander zu kombinieren" (a.O. 73).

[12] Imhof 71. Kakridis (39) spricht von 'späten unerfreulichen Produkten'.

[13] Imhof 73.

[14] a.O. 81. - In diesem Punkt erinnern die Briefe gelegentlich fast schon an Erzeugnisse der Zweiten Sophistik.

[15] Syk. RE 903. Ähnlich wohlwollend Obens 66.

2.2 Tendenz

Im Gegensatz zu den Sokratikerbriefen ist in den Briefen des Sokrates kaum ein Interesse am biographischen Detail zu spüren. Statt dessen herrscht selbst in den kurzen Billets (2-4) die lehrhafte Einstellung eines Popularphilosophen vor, der versucht, kynisch-stoisches Gedankengut[16] zu propagieren. Zumindest die beiden längeren Briefe (1 und 6) dürfen deshalb zu Recht "als kynisierende Diatriben in Briefform"[17] bezeichnet werden.

Die parainetische Tendenz[18] zeigt sich besonders eindrucksvoll, wenn der Sokrates unserer Briefe geradezu als Muster[19] von Anspruchslosigkeit und Selbstbeherrschung erscheint (ep. 1 und 6) oder ep. 1 und 7 selbstbewußt seinen Standpunkt politischen Machthabern gegenüber behauptet. Hier schlägt sich ein stark von Xenophon beeinflußtes Sokratesbild[20] nieder, das in der Popularphilosophie der gesamten Antike verbreitet war und besonders ausgeprägt vor allem im kynisch-stoischen Schrifttum der beiden ersten nachchristlichen Jahrhunderte anzutreffen ist[21].

Wenn in den Briefen 2-5 Sokrates demgegenüber vor allem als unermüdlicher Mahner und Ratgeber auftritt, "von dem jeder, der mit ihm zusammentrifft, Förderung erfährt"[22],

---

[16] Vgl. Syk. Mon. 107.113f. sowie die schon bei Schering (32-33.40-42) aufgelisteten Beispiele. Man kann den Autor "zwar nicht direkt zu den Kynikern oder Stoikern rechnen. In dem, was er sagt, und in der Art, wie er es sagt, spürt man jedoch deutlich das Vorbild der kynisch-stoischen Popularphilosophie" (Döring Sok. 114. Vgl. auch Fiore 114.117ff.). - Zum Prozeß der gegenseitigen Verschmelzung von Stoa und Kynismus in der frühen Kaiserzeit vgl. Döring Sok. 13 A. 50.

[17] Döring Sok. 114. Ähnlich Syk. Mon. 107: "Die Briefform ist hier (sc. in ep. 1 und 6) nur eine Einkleidung für einen gut ausgeführten Parainetikos oder eine Diatribe." - Zum Motiv des Autors, seinen Belehrungen gerade die Form von Briefen zu geben, sehr überzeugend Döring Sok. 124f. (vgl. auch Fiore 126 ff.).

[18] "... wieweit das für den Verfasser Spiel, Exerzitium war, wieweit Beruf und Anliegen, wieweit moralische Absicht ..., möge dahingestellt bleiben" (Imhof 80). Vgl. auch Schering 13.32; Fiore 108-113.124.

[19] Sokrates als Paradeigma; dazu ausführlich Döring Sok. 12-15. Epik. 197 (vgl. auch Fiore 115f.).

[20] Vgl. Syk. Mon. 107; Döring Sok. 2.12 (mit Beispielen).

[21] Döring Sok. 13. "In einer Zeit, in der es wie unter Nero, Vespasian und Domitian mit Gefahr für Leib und Leben verbunden sein konnte, wenn man als Stoiker oder Kyniker offen für seine Überzeugung eintrat, mußte die Überlegenheit, die Sokrates gegenüber den Dreißig Tyrannen ... gezeigt hatte, als Vorbild besondere Bedeutung gewinnen. ... Die weit verbreitete Ansicht der damaligen Zeit (sc. des 1./2. Jh. n. Chr.), daß wahres Lebensglück, wenn überhaupt, dann nur im Rückzug von den Errungenschaften und dem Luxus der Zivilisation und in der Anspruchslosigkeit zu finden sei, konnte sich ... auf Sokrates als Ahnherrn berufen ..." (a.O. 16f. mit Verweis auf Parallelen bei Seneca, Epiktet und Dion Chrysostomos).

[22] Döring Sok. 2 als Merkmal des xenophontischen Sokrates.

dann mag dies vielleicht kein ausgesprochen kynischer oder stoischer Wesenszug sein; zu bedenken ist jedoch, daß auch sonst die Sokratesbilder im kynisch-stoischen Schrifttum "bei aller Gemeinsamkeit in der Grundtendenz, bedingt durch die sich in ihnen widerspiegelnde je eigene Lebenssituation und die je eigenen Anschauungen und Absichten ihrer jeweiligen geistigen Väter, bedingt auch durch die Zusammensetzung des Publikums, an das diese sich jeweils wandten, im einzelnen nicht unerheblich voneinander abweichen"[23].

2.3 Datierung

Unsere Briefe enthalten keine direkten Indizien, die auf den Autor und seine Zeit schließen lassen[24]. Fest steht, daß die Sammlung unmöglich aus der Zeit des Sokrates stammen oder gar von ihm selbst verfaßt sein kann[25]. Ebenso unbestritten ist der terminus ante quem; ihn bietet ein Papyrus aus dem Anfang des 3. Jahrhunderts n. Chr., der als ersten Titel eines Bücherverzeichnisses [..].εστίου Σωκ[ρα]τικῶν ἐπιστολ[ῶν] συναγωγαί erwähnt[26].

---

[23] Döring Sok. 17; dort auch der Hinweis auf "eine solche Vielzahl verschiedenartigster ... Züge (sc. im Sokratesbild)..., daß jeder, ohne von der Tradition in gravierender Weise abweichen zu müssen, in Sokrates gerade das verkörpert finden konnte, was er persönlich im Großen wie im Kleinen von einem Vorbild erwartete" (a.a.O.).

[24] Syk. Mon. 111. - Dementsprechend groß ist die Bandbreite der bisher vorgeschlagenen Datierungen: Bentley (542) setzt die Abfassung sowohl der Sokrates- als auch der Sokratikerbriefe in die Zeit nach Athenaios, weil der sie noch nicht kenne, aber noch vor Libanios (vgl. decl. 1,165; dazu Crönert 146f.). - Obens (7.79) und ihm folgend Schering (11f.) kommen zu dem Schluß, daß ebenfalls die gesamte Briefsammlung aus einer attizistischen Schule des 2. Jhs. n. Chr. stammt. - Sykutris (RE 983; Mon. 121) setzt die 7 Sokratesbriefe in das 1. Jh. n. Chr. (so auch Döring Sok. 114), hält aber eine frühere Datierung aus sprachlichen Gründen für wahrscheinlich (vgl. Mon. 112). - Diese favorisiert Imhof, für den Septuaginta und Philo frühesten und spätesten Zeitpunkt für die Abfassung markieren (Imhof 80. Ähnlich a.O. 2;10 A. 8;75). - Bock Cano (24.53f.) rückt die Briefe wieder in das 2. Jh. n. Chr. (vgl. oben Anm. 3), schließt aber eine Datierung in das 1. Jh. n. Chr. nicht aus.

[25] So schon Pearson, Olearius, Meiners (alle bei Orelli 381ff.) und vor allem Bentley (540ff.; lat. bei Orelli 406ff.) gegen Allatius, der im Anhang zu seiner Ausgabe (nachgedruckt bei Orelli 329ff.) versucht hatte, die Echtheit der Briefe nachzuweisen, dabei aber über "Sophismen und Advokatenkniffe" (Syk. Mon. 9) nicht hinausgekommen war. Dennoch sollte man nicht von Fälschungen sprechen, "weil in der Antike niemand darauf hereingefallen wäre" (R. Pfeiffer, Die Klassische Philologie von Petrarca bis Mommsen, München 1982, S. 190 A. 56. Ähnlich Obens 6: "illi rhetores, qui in scholis hominibus illustribus praeteritorum temporum epistulas supponebant, alios fallere nolebant neque nisi ... exercitationis causa faciebant"; vgl. auch Schering 13.32-33. Dagegen Gößwein 3 A. 1).

[26] Vgl. G. Zereteli-O. Krüger, Papyri russischer und georgischer Sammlungen (P.Ross.-Georg.), Bd. 1, Tiflis 1925, S. 156,22; L. Mitteis-U. Wilcken, Grundzüge und Chrestomathie der Papyruskunde I 2, Leipzig-Berlin 1912, S. 183 (Syk. RE 983. Mon. 111-112; Crönert 147-150; Döring Sok. 125). - "Es liegt gar kein Grund vor, die Identität mit unserer Sammlung zu bestreiten" (Syk. Mon. 111f.).

Aufgrund der sprachlichen Analyse ist die Abfassung der Sokratesbriefe nicht vor dem 1. nachchristlichen Jahrhundert anzusetzen und sollte wegen möglicher Bezüge der Briefe 1 und 7 auf die Erfahrungen unter Nero, Vespasian oder Domitian[27] wohl eher an die Wende zum 2. Jahrhundert n. Chr. gerückt werden[28]. Eindeutige Belege für eine spätere Datierung fehlen[29].

2.4 Quellen

Die meisten Gedanken und Motive in unseren Briefen lassen sich - bei Sokrates als fiktivem Verfasser kaum verwunderlich - bis auf Platon[30] und Xenophon[31] zurückverfolgen. Für die bei beiden Autoren nicht nachweisbare "Wundererzählung von der Schlacht bei Delion"[32] hat Sykutris aus der Überlieferung dieser Geschichte bei Cicero (div. 1,123) und Plutarch (mor. 581d-e) überzeugend auf "eine uns nicht genauer bekannte Schrift über das sokratische Daimonion"[33] als Quelle geschlossen. Bei allem, was sich sonst noch weder bei Platon noch bei Xenophon nachweisen läßt, handelt es sich - von einigen sekundären Zügen abgesehen, die man sofort als Erfindungen unseres Autors erkennt[34] - nur um "diatribenhafte Motive und popularphilosophische Gedankengänge, die es müßig ist, einer bestimmten Quelle zuweisen zu wollen"[35].

---

[27] Vgl. oben Anm. 21. - Düring (24f.) lehnt eine vergleichbare Schlußfolgerung für Chion ep. 14 ab.

[28] Gut zu dieser Datierung passen die Nachlässigkeit bei der Vermeidung von Hiaten (vgl. oben Anm. 5) sowie die schillernde Bedeutung von διακεῖσθαι (7,2,16) und αἰτίῳ (7,5,44); auch das Hapax legomenon ἀποκοιμίζεσθαι (1,6,48) ist wohl kaum recht viel früher denkbar.

[29] Vgl. oben Anm. 3.

[30] Nicht mit Sykutris (Mon. 108) nur auf die Apologie. Vgl. Bock Cano 34-35.42.55.

[31] Mit Sykutris (Mon. 108) die Hauptquelle der Briefe, was gut zu deren parainetischer Tendenz passe: "denn wir wissen ja, daß Xenophon der beliebteste Sokratiker unter den antiken Moralpredigern gewesen ist" (a.a.O.).

[32] Syk. Mon. 20.

[33] Syk. Mon. 108. Der erste Sokratesbrief "bewahrt uns die Erzählung auf einer Entwicklungsstufe, die zwischen Cicero und Plutarch liegt, womit natürlich ein chronologischer Ansatz nicht gegeben ist" (a.a. O.); dieser Schrift würden auch jene Platonreminiszenzen in ep. 1 entstammen, die sich auf Sokrates' Verhältnis zu seiner Gottheit beziehen (a.a.O.).

[34] Syk. Mon. 20. Vgl. die entsprechenden Hinweise im Kommentar.

[35] Syk. Mon. 108 (ähnlich Bock Cano 35). Sowohl Antisthenes' 'Archelaos' als auch der 'Kallias' des Aischines von Sphettos scheiden als Vorlagen für ep. 1 bzw. 6 aus (vgl. Syk. Mon. 14 A. 1. 40-41; Döring Sok. 120 A. 17).

Dahingestellt muß bleiben, ob Platon und Xenophon direkt benutzt sind. Natürlich wird unser Verfasser so angesehene Autoren wohl auch aus eigener Lektüre gekannt haben; sie braucht seinen Briefen allerdings keineswegs so ausgiebig zugute gekommen sein[36], wie dies Sykutris (Mon. 23-24.108) vermutet. Auffallen muß jedenfalls die gelegentliche Diskrepanz zwischen einem Gedanken bei Platon oder Xenophon und dem, was unser Autor daraus macht[37]. Der Verdacht drängt sich auf, daß die jeweiligen Gedanken gar nicht unmittelbar der fraglichen Primärquelle entnommen sind, sondern "einer schon vielfach umgestalteten und kombinierten Trivialüberlieferung"[38], in die sie vielleicht besser gepaßt haben mögen[39]. An die Stelle der von Sykutris angenommenen direkten Xenophon- und vielleicht auch Platonkenntnis sollte deshalb "häufig, wenn nicht zumeist, eine durch Zwischenquellen vermittelte indirekte Kenntnis"[40] gesetzt werden.

---

[36] Ähnlich Döring Epikt. 199 zu Epiktet und Plutarch.

[37] Vgl. Komm. zu ep. 1,6,48 ὑπὸ μεγέθους. Mit direkter Xenophon-Kenntnis läßt es sich ebenfalls nur schwer vereinbaren, wenn sich die Ereignisse um Leon entgegen der zeitlichen Abfolge bei Xenophon (Hell. 2,3,39.42) in ep. 7,1,1ff. nach der Flucht Thrasybuls abspielen.

[38] Imhof 73. Ähnlich Bock Cano 55: "... al menos una antología de citas platónicas".

[39] Vgl. Döring Epikt. 204 A. 1 zur Frage nach der Beziehung von Plat. apol. 26e-27d zu Epikt. 2,5,18-20.

[40] Döring Sok. 124 A. 1. Vgl. Imhof 77: "... wir glauben an keiner Stelle an direktes Vorbild-Abbild-Verhältnis. ... wir möchten eher annehmen, dass Motive und Wortmaterial aus Xenophon in die Trivialüberlieferung eingingen, aus der sie unser Verfasser dann übernommen hat."

3 Untersuchungen zur Überlieferungsgeschichte

3.1 Verzeichnis der Handschriften

I. Firenze. Biblioteca Laurenziana

1. *Laurentianus* Graecus plut. 70.19 (=F), membr., 4⁰ mai. (280 x 195), saec. XV, foll. 52.

Der Kodex ("nitidissimus", Bandinius 679) enthält nach der Lysiasvita des Dionysios von Halikarnaß, den Aischines- und den Isokratesbriefen alle 7 Briefe des *Sokrates* (fol. 40^V-46^V) sowie daran anschließend (fol. 46^V-52^V) die Sokratikerbriefe 21-23.8-15.18.

Vgl. Bandinius 678f.; Drerup Aeschines 10.20. Isocrates XXIII.LXIV; Blass XII.XVI; Syk. PhW 1291f.; Roncali 381-390.

II. London. The British Library (British Museum)

2. *Harleianus* Graecus 5635 (=Hb), chart., 4⁰, saec. XV med., foll. 275 (quorum 9 scriptura vacua sunt).

Miscellanhandschrift (geschrieben von mindestens 4 verschiedenen Händen) mit meist epistolographischen Texten, darunter fol. 36-40^V die Sokratikerbriefe 21-23 von einer Hand (=Ha) sowie fol. 256-260 von einer anderen Hand (=Hb) zusammen mit den Sokratikerbriefen 21-23 der 1. *Sokrates*brief (256-258). Am Ende des Kodex eine Notiz über die Eroberung Konstantinopels (1453).

Vgl. Nares 283; Schafstaedt 3; Bidez-Cumont Recherches 57f.; Drerup Aeschines 3.32f.; Sabatucci 375f.; Bidez-Cumont Iulian XI; Syk. PhW 1288f.; Tudeer 28; Düring 27; Reuters 18; Roncali 381ff.; Gößwein 32f.; Penella 14; Städele 41; Müseler 1,8.58-60.69-72.

III. Paris. Bibliothèque Nationale

3. *Parisinus* Graecus 3054 (=P), pap., 8⁰ min. (105 x 67,5), saec. XV, foll. 190.

Schreiber: Janos Laskaris (1445-1535). Neben geographischen Abhandlungen und einem Fragment aus Plutarchs Gracchenvita enthält die Handschrift zahlreiche Epistolographen, darunter die Briefe des *Sokrates* (ep. 1-7 fol. 40^V-57^V) und der Sokratiker (fol. 57^V-106 in der Reihenfolge 21-23.8-15.18. 16.17.19.20.24.27-31.35-36.32-34.37; dazu Syk. PhW 1285 A. 6. 1292f.). Bedingt durch eine beim Binden erfolgte Blattvertauschung sind foll. 96.97 (βούλησιν πραττόμενα-κἂν εἰ ταπεινότερος ep. 1,8,61-1,11,92) hinter fol. 44^V einzufügen (vgl. Syk. PhW 1293).

Vgl. Omont 101; Schafstaedt 6; Drerup Aeschines 6.21. Isokrates XXXI. LXIV; Sabatucci 375; Vogel-Gardthausen 157; Köhler 6f.; Syk. PhW 1292ff.; Düring 29; Schepers X; Roncali 381ff.; Städele 50.

IV. Roma. Biblioteca Apostolica Vaticana

4. *Vaticanus* Graecus 64 (=V), membr., 318 x 205, anni 1269/70, foll. VIII+290.

In Thessaloniki (Drerup Isocrates XIII) entstandene Miscellanhandschrift bestehend aus 3 Teilen, innerhalb derer sich wiederum mehrere Schreiber unterscheiden lassen. Sie enthält hauptsächlich rhetorische und epistolographische Texte, darunter fol. 207^V-208 die Sokratikerbriefe 21-23, alle 7 *Sokrates*briefe (fol. 215-218) sowie fol. 218-224^V die übrigen Sokratikerbriefe in der Reihenfolge 8-20.24.27-31.35-36.32-34.37 (dazu Syk. PhW 1285 A. 6). Deren "Schrift ist ungemein gedrängt und schwer zu lesen, dazu noch mit großer Nachlässigkeit durchgeführt. Der Schreiber hat sehr oft Wortteile fortgelassen und sehr mechanisch gearbeitet. ... Streben nach möglichster Raumersparnis und Leerescheu sind für diesen Schreiber besonders charakteristisch" (Syk. PhW 1286). Die Subscriptio fol. 289^V (+ ἐτελειώϑ(η) ἡ βίβλος αὕτη χειρὶ γραφεῖσα ἐκατόγχειρος ἐν ἔτει ϛψοη +) erlaubt eine genaue Datierung: ϛψοη = A.M. 6778 = A.D. 1269/70 (Turyn 46. tab. 165c).

Vgl. Mercati-Franchi 58ff.; Turyn 10.46ff.; Usener 107.146; Schafstaedt 6; Drerup Vulgata 348.352ff.; Blass XVI; Köhler 7-8.130ff.; Canart-Peri 363f.; Garzya Inventario 29. Synesius XXIX; Städele 51; Buonocore 798; Ceresa 327; Dilts VII-VIII.

5. *Vaticanus* Graecus 1336 (=C), chart.; 280 x 200; anni 1493; foll. 176.

Der Kodex ("a tribus librariis scriptus"; Drerup Isocrates XVIII) enthält nach Xenophons Memorabilien alle 7 Sokratesbriefe (fol. 51-54^V) sowie fol. 54^V-57^V die Sokratikerbriefe

21-23.8-15.18; darauf folgen Isokratesbriefe und anderes. Aus der Notiz 'μουσούρου καὶ τῶν χρωμένων Florentiae 1493' geht hervor, daß es sich um ein Handexemplar des kretischen Humanisten Markos Musuros (1470-1517) handelt. "Um so mehr fragt man sich, warum er die Sokratikerbriefe in seine große Ausgabe der Epistolographen bei Aldus nicht aufgenommen hat" (Syk. PhW 1292 A. 23). Die Handschrift gehörte später zum Bestand der Bibliothek des Fulvio Orsini.

Vgl. Vogel-Gardthausen 290; Canart-Peri 575; Buonocore 892; Ceresa 377.

6. *Vaticanus* Graecus 1461 (=B), membr., 212 x 139, saec. XV, foll. 297.

Die Handschrift enthält "in einer sauberen, kalligraphischen Schrift geschrieben" (Syk. PhW 1286) ausschließlich Briefe, darunter fol. 189^V-211 die Sokratikerbriefe (bis auf 21-23) in der Reihenfolge von V und daran anschließend (fol. 211-217^V) die Sokratesbriefe 2-7.

Vgl. Schafstaedt 6; Sabatucci 374.377ff.; Tudeer 57; Düring 30; Reuters 24; Ament 26; Schepers XVIII; Gößwein 36f.; Canart-Peri 596; Penella 14; Städele 53f.; Buonocore 902; Ceresa 389; Müseler 1,15.58-60.69-72.

7. *Palatinus* Graecus 134 (=D), bombyc., 215 x 139, saec. XV-XVI, foll. VI+299.

Neben anderen meist epistolographischen Texten enthält der von 4 Händen geschriebene Kodex alle 7 Briefe des Sokrates (fol. 241^V-249) und fol. 249-269 die Sokratikerbriefe nach der Reihenfolge in P.

Vgl. Stevenson 65; Sabatucci 376.393ff.; Gößwein 37; Canart-Peri 247; Buonocore 487; Ceresa 187.

8. *Barberinianus* Graecus 181 (=A), chartac., 275 x 205, saec. XV ex.-XVII, foll. 63 (+17^a), quorum 17 scriptura vacua sunt.

Von Auszügen aus Prokops Gotenkriegen abgesehen enthält die Handschrift ausschließlich Briefe, darunter alle 7 des *Sokrates* (fol. 50-53) und fol. 53-63^V die Sokratikerbriefe 8-29.33-34.30-32 bis ἀνυπεύθυνος (p. 53,6 Köhler). Es lassen sich 3 verschiedene Hände unterscheiden; Schreiber der Sokrates- und Sokratikerbriefe ist Leon Allazis (Allatius) aus Chios, der erste Herausgeber der Sammlung. Am Rand hat er häufig eigene Konjekturen mit einem ἴσ(ως) vermerkt, dazu "die Varianten von C (er nennt ihn V, d.h. Vaticanus) und D (er nennt ihn P, d.h. Palatinus) wenig genau und unvollständig" (Syk.

PhW 1294. - Die Zuordnung der Siglen ist korrekt, vgl. 1,1,3 πολλάκις μοι C: τὸ δεύτερον; 1,4,27 παρασκευάζονται C: παρασκευάζεσθαι; 1,6,48 ὑπὲρ C: ὑπό; 6,9,68 ὀλίγων D: ἐνίων; 7,5,45 ἔχειν D: ἔχει. Allazis zitiert diese singulären Varianten als Text von V bzw. P).

Vgl. de Ricci 95; Mogenet 17ff.; Canart-Peri 130; Buonocore 94.

<u>V. Wolfenbüttel, Herzog-August-Bibliothek</u>

9. *Guelferbytanus* 902 - *Helmstadiensis* 806 (=G), perg., 21 x 13, saec. XV in., foll. 226.

Die Handschrift enthält neben Aischines, den Isokratesbriefen und der Lysiasvita des Dionysios von Halikarnaß alle 7 Sokratesbriefe (fol. 185^V-194) sowie fol. 194-203 die Sokratikerbriefe 21-23 (nicht mit Köhler 6 in der Reihenfolge 22-21-23).8-15.18. Am Schluß (fol. 226^V) Subscriptio in Form eines Distichons:

Γεώργιος γέγραφεν ὁ Χρυσοκόκκης

᾿Αρίσπᾳ τηνδὶ βίβλον τῷ ᾿Ιωάννῃ᾿.

Ihm ist zu entnehmen, daß die Handschrift von Georgios Chrysokokkes (um 1420/30) für den bekannten Humanisten Giovanni Aurispa - wohl in Konstantinopel (Syk. PhW 1290) - abgeschrieben wurde.

Vgl. Heinemann 232f.; Orelli XV sqq. (ex editione Aeschinis oratoris Reiskiana tom. 1 p. 772 sqq.); Baiter-Sauppe V sqq.; Drerup Vulgata 348.350.358ff.; Aeschines 13.20. Isocrates XXXV-XXXVI.LXIV; Blass XV; Vogel-Gardthausen 82; Köhler 6; Syk. PhW 1289f.; Roncali 381-390.

3.2 Die Überlieferung

3.2.1 Methodische Vorbemerkung

Jeder Versuch, die Abhängigkeitsverhältnisse der Handschriften zu klären[1], kommt an grundlegenden Vorarbeiten nicht vorbei: Sykutris hat das Verhältnis der Codices zueinander in einem vollständigen Stemma veranschaulicht, demzufolge die gesamte Überlieferung allein auf Vat. gr. 64 (V) beruhe[2] und nicht auf eine V und dem Guelferbytanus (G) gemeinsame Vorlage (α) zurückzuführen sei[3]. Er schloß sich letztlich dann doch[4] der Auffassung Drerups an, der dieselbe Abhängigkeit früher bereits für die Überlieferung sowohl der Aischines- als auch der Isokratesbriefe festgestellt hatte[5].

Das Bestreben jeder Edition, zunächst die Überlieferungsgeschichte möglichst zweifelsfrei zu erhellen, ist somit im vorliegenden Fall untrennbar immer auch mit der Aufgabe verbunden, die Position von Sykutris zu überprüfen und dabei speziell für die Frage nach einer Abhängigkeit der Wolfenbütteler Handschrift von V ggf. auch die Beiträge Drerups heranzuziehen. Im Interesse einer größtmöglichen Transparenz entwickelt die folgende Untersuchung deshalb abweichend vom sonst meist üblichen Schema das Stemma nicht aus dem Archetypus heraus, sondern versucht umgekehrt, zunächst einzelne Handschriftengruppen zu isolieren sowie die Abhängigkeitsverhältnisse innerhalb dieser Gruppen zu klären und erst dann diese Gruppen endgültig einander zuzuordnen bzw. in einem Stemma miteinander zu verbinden. Dieses Verfahren verspricht am ehesten eine ständige und fruchtbare Auseinandersetzung mit den Vorarbeiten.

---

[1] Alle bisherigen Editionen unserer Briefe gehen auf dieses entscheidende Problem nicht ein. Auch die jüngste Ausgabe von L. Köhler bildet hierin keine Ausnahme.

[2] Vgl. Syk. RE 981. Mon. 7-8.

[3] So noch Syk. PhW 1295. Vgl. a.O. 1289-90: G "tritt neben V als selbständige Überlieferung für die Briefe 1-7 ... hinzu. ... Denn die Selbständigkeit von G gegenüber V tritt an jeder Stelle deutlich zutage. ... Es liegt mir umso mehr daran, es zu betonen, als Drerup, mit ungenügenden Argumenten, wie mir scheint (er hat G nicht selber kollationiert), G als eine verbesserte Abschrift von V in den Isokrates- und Aeschinesbriefen zu erweisen sucht."

[4] Vgl. Syk. Mon. 8 A. 1.

[5] Vgl. Drerup Vulgata 348-361. Aeschines 20-21. Isocrates LXIII-LXIV.

3.2.2 Verwandtschaftsverhältnisse

3.2.2.1 Die beiden Überlieferungsstränge A-Hb/B-V und G-C-F-P-D

Folgende 'Fehler' (die Auflistung ist keineswegs vollständig) erlauben es zweifelsfrei, die gesamte Überlieferung in zwei 'Familien' zu unterteilen, die von den Handschriften v (A, Hb bzw. B und V) einerseits sowie g (G, C, F, P und D) andererseits gebildet werden:

ep.	v	g
1, 1, 9	ἐστι	νομίζοντα
1, 2, 18	γὰρ	om.
1, 6, 46	καὶ	om.
6, 5, 38	"	"
6, 11, 91	"	"
1, 12, 104	om.	ἀλλ'
5, 2, 17	"	τὰ
6, 1, 3	αὐτοῖν	αὐτοῖς
6, 5, 44	διαφθειρόμενος	φθειρόμενος
6, 7, 58	τεθνεῶτα	τελευτῶντα
6, 8, 64	οὐκ ἀπολείψω	οὐ καταλείψω
6, 9, 72	μὲν	om.
6, 12, 99	ἐπισκεψόμεθα	ἐπισκεψώμεθα
7, 1, 5	ἐν αὐτοῖς	ὡς αὐτοὺς
7, 3, 20.23	ἐνταῦθα	ἐνθάδε
7, 3, 22	τοῖς Λακεδαιμονίοις	τοὺς Λακεδαιμονίους

Innerhalb dieser beiden Gruppen ergeben sich folgende Beziehungen:

3.2.2.2 Abhängigkeitsverhältnisse zwischen A, Hb bzw. B und V

Zahlreiche Bindefehler rücken V und A eng zusammen, z.B.:

ep.	VA	Hb bzw. B
1, 3, 19	οὐδὲ	οὐδ' εἰ

ep.		
1, 8, 62	περί	παρά
1, 10, 87	ἐπιστήμων	ἀνεπιστημόνων
1, 10, 87	ἵστασιν	ἴσασιν
3, 4	om.	δ'
5, 2, 14	τιθέντας	τιθέντες
5, 2, 15	φίλον	φίλοι
6, 4, 32	καὶ τὸ	καίτοι
6, 6, 47	τῶν τοιούτων	τῷ τοιούτῳ
6, 6, 54	ἐκτίοντες	ἐκτίνοντες
6, 8, 61	τοῦ	τούς
6, 8, 62	πατρικῇ	πατρικὴν
6, 11, 91	καταστησόμενος	καταστησόμενον
7, 2, 14	ἤ δι'	νὴ δι'
7, 3, 25	εἰ καὶ	om.
7, 3, 25	ἀεὶ	εἰ
7, 5, 45	ἐπιμελόμενος	ἐπιμελούμενος

Da ansonsten jeder Hinweis darauf fehlt, daß A ein verschollenes Zwischenglied benutzt haben könnte, so liegt die Vermutung nahe, daß V als unmittelbare Vorlage für A gedient haben muß. Dies bestätigen drei Stellen, an denen die Lesart von A eindeutig durch die Art bedingt ist, wie V den Text bietet:

ep.	V	A
1, 8, 66	πρός με	με πρός με
1, 10, 86[6]	δ' ἤ	δ' ὡς
7, 3, 20[7]	λόγοις	τὸ γὰρ

Auf ähnliche Weise lassen sich auch Hb und B an V anschließen. Bindefehler fehlen hier zwar so gut wie völlig; zu erwähnen wäre allenfalls 6,3,20 (κἀκείνη VB: κἀκείνην A: κἀκεῖνοι) und 7,5,41 (ὁρῶντας VB: ὁρῶντες)[8]. Doch belegen wiederum Varianten, die alle eindeutig durch eine unbefriedigende Textgestalt in V veranlaßt sind (auch A sah sich

---

[6] δ' ἤ in V leicht mit A als δ' ὡς zu mißdeuten.

[7] λόγοις ist in V ausgesprochen nachlässig geschrieben und durchaus mit A als τὸ γὰρ zu verlesen, das allerdings absolut keinen Sinn ergibt.

[8] Für Hb ist keine einzige Übereinstimmung mit V gegen A belegt.

an der Mehrzahl dieser Stellen zu einem Eingriff in den Text genötigt; vgl. die folgende Liste), daß sich sowohl Hb als auch B auf V zurückführen lassen:

ep.	V	Hb	A
1, 3, 19[9]	οὐδὲ παρακατατιθέμεθα	οὐδ' εἰ παρακατατιθέμεθα	= V
1, 6, 44[10]	ἑτέραν	ἑτέρους	ἑτέρων
1, 6, 48	οἵ	οἵει	om.
1, 9, 75	ὡς	ὡς δὲ	τε
1, 10, 87[11]	ἐπιστήμων	ἀνεπιστημόνων	= V
1, 12, 103f.[12]	ἀλλάττομαι ... ἀμείνειν	ἀλλαττόμενος ... ἀμείνων	= V

ep.	V	B	A
6, 3, 21	ἐ	ἐπὶ	καὶ πρὸς
6, 5, 45[13]	ἀτύχει	ἀτυχεῖ	εὐτυχεῖ
6, 11, 91[14]	καταστησόμενος	καταστησόμενον	= V
7, 3, 20[15]	λόγοις	om.	τὸ γὰρ
7, 4, 36	ἀπεστέρρηκται	ἀπεστήρικται	ἀπέρρηκται

Die aufgelisteten Varianten haben gezeigt, daß die Schreiber beider Handschriften gleichermaßen bestrebt sind, korrupte Stellen in V zu glätten. Dies war schon Sykutris auf-

---

[9] "1,3 steht in V οὐδὲ παρακατατιθέμεθα (st. παρακατατιθέμενος); das sprengt die Konstruktion vollkommen. Hb sucht es zu heilen, indem er οὐδ' εἰ παρακατατιθέμεθα schreibt" (Syk. PhW 1289).

[10] ἑτέραν in V mit leicht zu verlesender Endsilbe.

[11] "1,10 ist überliefert: τῶν μὴ ἐπισταμένων G richtig: τῶν ἐπιστήμων V: Hb macht τῶν ἀνεπιστημόνων" (Syk. PhW 1289).

[12] "1,12 οὐκ ἀλλάττομαι τῶν ἐκεῖ τἀνθάδε ἀμείνω δοκῶν· ἀλλ' οὐδὲ τῷ θεῷ συναρέσκει G: V hat, indem er δοκῶ schreibt und ἀλλ' wegläßt, die Stelle sinnlos gemacht; Hb hilft sich dadurch, daß er schreibt οὐκ ἀλλαττόμενος τῶν ἐκεῖ τἀνθάδε, ἀμείνων δοκῶ. οὐδὲ τῷ θεῷ συναρέσκει" (Syk. PhW 1289).

[13] "6,5 bietet V statt dem richtigen ἠτύχει (G), nach einem bei ihm recht häufigen Schreibfehler, ἀτύχει; B korrigiert es in ἀτυχεῖ" (Syk. PhW 1287).

[14] "6,11 steht in G richtig καταστησάμενος καταλείπω; V bietet καταστησόμενος. B versucht dem Futurum einen Sinn zu entnehmen, indem er καταστησόμενον schreibt" (Syk. PhW 1287).

[15] Vgl. oben Anm. 7.

gefallen und hatte ihn zusammen mit weiteren Beobachtungen[16] zur Annahme einer Hb und B gemeinsamen, von V abhängigen Vorlage veranlaßt:

"Ich glaube nicht fehlzugehen, wenn ich, angesichts der Tatsache, daß in Hb gerade die in B fehlenden Briefe[17] in einer ihm entsprechenden Textgestalt vorliegen, behaupte, daß wir zwischen V einerseits und BHb andererseits eine Mittelstufe anzuerkennen haben ...(=β). Denn der Text bei B und Hb weist keine Spur von einem Suchen nach einer besseren Lesart, keine Abstreichungen und Zusätze, die wir beim Original einer solchen Ausgabe voraussetzen müßten, auf. ... Man sieht es gleich, daß beide Hss in einem Atemzug aus einer schon fertigen Textgestalt abgeschrieben worden sind. Bestätigend tritt eine andere Beobachtung hinzu. 29,2[18] bietet B οἱ δύο μὲν γάρ σοι κῆ μένουσιν ἱκανοὶ ὄντες καὶ πολυτελεῖ βίῳ, τὸ δ' ἐν τῆποι Βερενίκη κτῆμα usw. Diese Verwirrung der zweiten Silbe des Wortes κῆποι ist nur denkbar, wenn in der Vorlage κῆποι und τῆ am Ende zweier aufeinanderfolgenden Zeilen gestanden haben, so daß die zugeschriebene Silbe ποι als zum Worte τῆ gehörig von einem unaufmerksamen Schreiber betrachtet werden konnte. Da es aber in V anders steht, so müssen wir eine solche Vorlage für B postulieren."[19]

3.2.2.3 Abhängigkeitsverhältnisse zwischen G, C, F, P und D

Innerhalb dieser Familie lassen sich G und C einerseits sowie f (FPD) andererseits aufgrund folgender Varianten zusammenfassen:

ep.	f	CG
1, 9, 73	om.	ἐν
6, 1, 3	συναγορεύσαντα	συναγορεύσοντα
6, 1, 3	ὡς	ὅς

[16] Vgl. Syk. PhW 1286-89.

[17] Gemeint sind die Briefe 1 sowie 21-23. Gemeinsame Varianten gegen die übrige Überlieferung und damit klassische Belege für ein rekonstruierbares, aber nicht mehr erhaltenes Glied in einer Überlieferungskette scheiden damit zwangsläufig aus.

[18] Brief 29 Orelli=27 Köhler - obwohl nicht Gegenstand der vorliegenden Arbeit - wird an dieser Stelle zitiert, um die Argumentationsbasis über die Briefe 1-7 hinaus in einem wesentlichen Punkt zu erweitern. Vgl. dasselbe Verfahren bei der Frage nach dem Verhältnis von V und G.

[19] Syk. PhW 1289.

| 6, 9, 69 | ἐκείνω | ἐκεῖνο |
| 7, 5, 46 | πράξηται | πράξητε |

Darüber hinaus grenzen zahlreiche Gemeinsamkeiten p (PD) von der übrigen Überlieferung ab, z.B.:

ep.	p	cett.
1, 6, 44	om.	ἔχει
1, 8, 60	om.	καί
1, 9, 70	om.	μοι
1, 9, 76	εἰ	εἰς
1, 12, 103	ὑπονοήσθω	ὑπονοείσθω
3, 2	ἀθύναζε	ἀθήναζε
6, 4, 35	om.	ὄν
6, 5, 44	χορηχίας	χορηγίας
6, 11, 84	δύναται	δύνανται
6, 11, 91[20]	om.	καταστησάμενος
7, 4, 33	ἐνθάδε	ἐνταῦθα
7, 4, 38	μεγίστων	μέγιστον
7, 5, 42	om.	τοῖς

Daß D von P abhängig ist, belegen folgende Bindefehler:

ep.	P	D
1, 10, 88	ταύτης[21]	ταύτην
1, 11, 94	ἐπιθυμίας (getilgt)	om.
6, 12, 94	φίλος[22]	φίλον

---

[20] Vgl. oben Anm. 14.

[21] Das ς kann wie häufig bei Laskaris sehr leicht als ν verlesen werden. Vgl. Anm. 22.

[22] Vgl. Anm. 21.

Daß P seinerseits aus F stammen muß, zeigen die folgenden Belege:

ep.	P	F
1, 6, 45	ἔπειθα (corr. -τα)	ἔπειθα
4, 6	αὐτὸν (corr. -ῶν)	αὐτὸν
7, 4, 30	πολὴ	πολὴ

Für die von Sykutris (PhW 1292f.) behauptete Abhängigkeit des Parisinus von B findet sich in den Briefen 2-7[23] kein Beleg; zu berücksichtigen ist allerdings 1,8,62 ὑπάρξει P[ac]: ὑπάρχει HbPP[c]. Zusammen mit den bei Sykutris (a.O.) genannten Belegen wäre dann freilich eine Abhängigkeit von β wahrscheinlicher.

Wieder eindeutig läßt sich dagegen das Verhältnis von F, G und C zueinander bestimmen, auch wenn keine Bindefehler vorliegen[24]. Da jedoch sowohl F als auch C immer nur entweder den Text von G oder singuläre Sonderfehler[25] ohne jeden Hinweis auf eine andere Vorlage neben G bieten, müssen beide aus G stammen.[26]

3.2.2.4 Das Verhältnis von V und G

Diese zentrale Frage läßt sich allein auf der Grundlage der einschlägigen Varianten[27] aus den Briefen 1-7 nicht entscheiden, da dort die Version von G zwar an keiner Stelle zwingend den Text voraussetzt, wie V ihn bietet[28], dessen ungeachtet aber ebenso wenig zwingend ausschließt, daß V als Vorlage für G gedient haben könnte[29]. Zur endgültigen

---

[23] Brief 1 ist in B nicht überliefert (vgl. oben S. 20).

[24] Allenfalls 6,2,11 (ἄλλων GF: ἄλλον) und 6,11,91 (καταστησάμενος GF: καταστήσας C om. PD).

[25] Im Falle von F mit Reflex in P (und meist auch D).

[26] Die Abhängigkeitsverhältnisse innerhalb dieser Familie entsprechen damit exakt den von Drerup (Isocrates LXIV) ermittelten Beziehungen.

[27] Vgl. die oben S. 23 oder bei Sykutris (PhW 1290) aufgelisteten Beispiele.

[28] Gegen Syk. Mon. 8.

[29] Gegen Syk. PhW 1290 mit Ausnahme der im Folgenden übernommenen Stellen.

Klärung dieses Sachverhalts erweist es sich deshalb als unumgänglich, die Argumentationsbasis zu erweitern und alle Briefe zu vergleichen, die V und G gemeinsam überliefern.[30]

Selbst dann läßt sich jedoch zunächst nur eine einzige[31] Stelle anführen, die eine Entscheidung ermöglicht: ep. 14,9 (p. 30,16f. Köhler)[32] ist die Lücke in V hinter 'Κτήσιππος' bei G mit 'Πλάτων δὲ καὶ Κλεόμβροτος καὶ Ἀρίστιππος' "bestechend"[33] gefüllt. Natürlich ist die Möglichkeit einer Konjektur[34] grundsätzlich auch hier zunächst wieder durchaus gegeben[35]; doch nur unter der Voraussetzung, daß G eine auch V bekannte Vorlage α kopiert, läßt sich verstehen, warum diese doch relativ umfangreiche Lücke in V überhaupt erst hat entstehen können (Homoioteleuton)[36] und daß G an dieser auf Plat. Phaed. 59c basierenden Stelle durchaus nicht aus bloßem Zufall (sondern eben im Anschluß an α) von der bei Platon überlieferten Reihenfolge der Namen (Ἀρίστιππος καὶ Κλεόμβροτος) abweicht.[37]

---

[30] Es handelt sich dabei um die Briefe 1-15, 18 und 21-23 (vgl. oben S. 19.21), die Beispiele aus den Sokratikerbriefen im Folgenden nach der Ausgabe von L. Köhler.

[31] Ansonsten bietet sich stets das schon aus den Briefen 1-7 gewohnte Bild; das gilt auch für die Liste bei Syk. PhW 1290 (vgl. oben Anm. 29) und die Syk. Mon. 8 (vgl. oben Anm. 28) genannten Beispiele 6, 3,21 und 9,2,10ff. Köhler; denn der 'richtige' Text, von dem die Argumentation dort jeweils ausgeht, ist nicht überliefert, sondern Konjektur von Sykutris. Somit braucht G nicht so unbedingt, wie von Sykutris behauptet, Lücken 'falsch' ausgefüllt bzw. die Glosse ἐξ ἀρετῆς "an falscher Stelle" (a.a.O.) in den Text gesetzt zu haben. Es ist jedenfalls durchaus denkbar, daß G hier eine Vorlage 'bearbeitet', die V recht gedankenlos kopiert. Gleiches gilt dann auch für die a.a.O. angesprochenen Überschriften.

[32] Schon Syk. PhW 1290 angeführt.

[33] Syk. Mon. 8.

[34] Zu fragen bleibt allerdings, ob ein Auftragsschreiber (vgl. oben S. 21) Zeitverlust und andere Unannehmlichkeiten, die die erforderlichen Nachforschungen ja zwangsläufig mit sich gebracht haben müssen, tatsächlich auf sich genommen hat, wo doch vielleicht 'nur' Kalligraphie gefragt war.

[35] Syk. Mon. 8: "..., was er dem folgenden Satz entnehmen konnte." - Zu der a.a.O. erhobenen Forderung nach einer größeren Lücke ("Dabei hat er aber übersehen, daß die Lücke noch größer ist und mehr Namen verschlungen hat, ...; [sie] treten sogar im Brief selbst auf und konnten unmöglich weggelassen sein.") und der Anfrage an Schering (Syk. Mon. 8 A. 2: "Nach Schering 16 ... hat sie der Verfasser selbst ausgelassen. Aber warum?") vgl. Crönert 146: "..., so haben wir kein Recht, dem Briefschreiber vorzuschreiben, was er aus Plat. Phaed. 59b-c, der Vorlage unserer Stelle, entnimmt und gar dann noch mit anderem auffüllt. Es genügt die Erkenntnis, daß die drei Abwesenden aus Plato stammen." Vgl. auch den bereits oben Anm. 31 formulierten Vorbehalt bei einer Gleichsetzung von Konjektur und 'richtigem' Text auf unserer Stufe der Untersuchung.

[36] Zahlreich sind in V lediglich Auslassungen von Wortteilen oder unbedeutenden Strukturwörtern, die auch sonst öfters ausgelassen werden.

[37] Vgl. Crönert 146.

Dies bestätigen dann eindrucksvoll Beispiele, die auf "eine alte, ziemlich verwahrloste, reichlich mit Fehlern durchsetzte Handschrift"[38] (mit wenigstens drei schon in einer Majuskelhandschrift verdorbenen Stellen[39]) hinzudeuten scheinen, die G meist sehr verständig benutzt hat[40], während V "mit großer Nachlässigkeit ... und sehr mechanisch"[41] daraus alles abschrieb, was ihm diese "bereits sehr korrupte Vorlage bot, auch wenn er sie nicht mehr hat entziffern können"[42], z.B.:

ep.	V	G
1, 9, 75	οἴκαδε ὡς	καὶ οἴκαδε
6, 10, 83	συνηρτημένοι	συναναρτημένοι
13, 2, 16	δὲ ... φίλιο	σοι ... φίλος
13, 2, 17	ἀλλ'	σὺ δ'
14, 5, 7	ἤδεις	ἤδετο
14, 10, 28	καὶ πρεπὸν	πρεπόντως
15, 2, 14	σὺν	ἐν

Besonders augenfällig zeigt sich dies dort, wo V im Unterschied zu G Abkürzungen falsch auflöst, etwa:

ep.	V	G
1, 2, 12	ποιοῦμαι	ποιούμεθα
1, 3, 19	παρακατατιθέμεθα	παρακατατιθέμενος
1, 8, 62	περὶ	παρὰ
7, 1, 5	ἐν	ὡς
13, 2, 17	ἀποδεχόμεθα	ἀποδεχόμενος
14, 6, 20	μέλλοντες	μέλλομεν
21, 3, 3[43]	δι'	Δίων

---

[38] Syk. Mon. 7. Crönert (146) bezieht diese Aussage fälschlich auf V.

[39] Vgl. Syk. PhW 1287.1291. Mon. 8 zu ep. 3,2 ('Ανήσων statt Μνήσων); 12,9 (ἀείμου statt λειμοῦ für λιμοῦ, das Stob. Ecl. 3,17,10 bietet); 9,2,12 (ἄλλων statt ἁμῶν).

[40] Syk. PhW 1291.

[41] a.O. 1286. Vgl. auch Drerup Vulgata 353.355.

[42] Syk. PhW 1286.

[43] Vgl. Crönert 146.

Hinzu kommt schließlich noch, daß auch die eigentümliche Reihenfolge, in der V und G die entsprechenden Briefe jeweils überliefern[44], bei aller gebotenen Vorsicht[45] doch die Annahme zu widerlegen scheint, wonach G aus V stammt; nichts jedenfalls könnte die grenzenlose Willkür rechtfertigen, mit der G dann bei der Auswahl seiner Briefe vorgegangen wäre.

Daran ändert selbst das scheinbar gegenteilige Zeugnis Drerups[46] für die Überlieferung der Aischines- bzw. Isokratesbriefe nichts, weil alle (!) dort aufgeführten Beispiele[47] die Annahme einer gemeinsamen Vorlage α für V und G keineswegs ausschließen. Da sie aber andererseits auch nicht den geringsten Anlaß bieten, über diese Möglichkeit nachzudenken, so konnte Drerup sie eigentlich kaum anders interpretieren denn als Bestätigung seiner "Annahme einer Abhängigkeit des cod. H von Φ"[48], die durch den engen Zusammenhang in Inhalt und Anordnung der Briefe sowie das zeitliche Verhältnis der beiden Handschriften nahelag; mehr war bei der Beschränkung auf "epistola I. ad Dionysium"[49] bzw. den "(IX.) Brief an Archidamus"[50] in der Kollation von Reiske (bei Matthaei)[51] nicht zu erwarten. Eine eigene Untersuchung hätte deshalb aufzuzeigen, ob eine Erweiterung des zu untersuchenden Materials auch bei den Aischines- und Isokratesbriefen die gemeinsame Vorlage von V und G bestätigt.

---

[44] Vgl. oben S. 19.21.

[45] Vgl. Syk. PhW 1290 A. 18.

[46] Vgl. oben Anm. 5.

[47] Vgl. Drerup Vulgata 358-360.

[48] a.O. 358, wobei cod. H = G und Φ = V.

[49] Drerup Isocrates LXIII.

[50] Drerup Vulgata 358.

[51] a.O. 348.358.

32

3.2.3 Stemma codicum

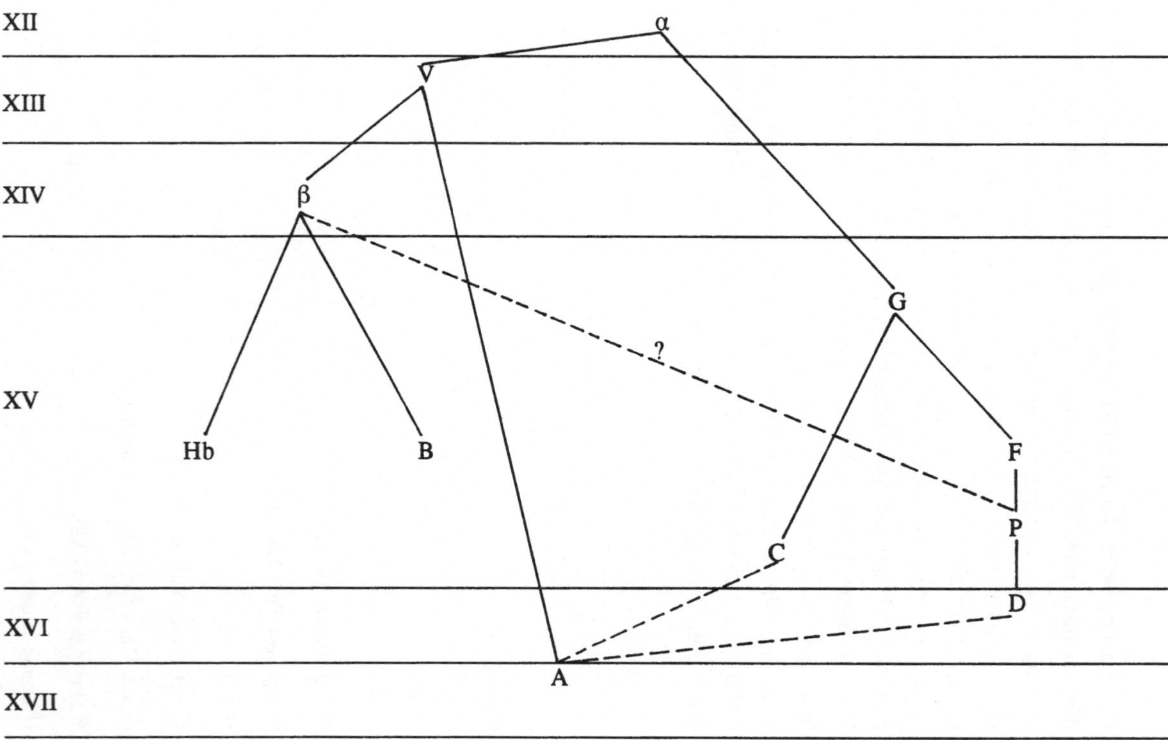

3.3 Ausgaben

1.

Socratis, Antisthenis et aliorum Socraticorum epistolae. Leo Allatius hactenus non editas primus Graece vulgavit, Latine vertit, notas adiecit, dialogum 'de scriptis Socratis' praefixit. Parisiis, sumptibus Sebastiani Cramoisy, typographi regii, via Iacobaea, sub Ciconiis. M.DC.XXXVII.

Grundlage der Ausgabe sind die drei vatikanischen Handschriften A, C und D. Der einleitende Dialog sucht die Echtheit der Briefe zu erweisen, im Kommentar sind die wichtigsten Stellen aus der philosophiegeschichtlichen Überlieferung herangezogen.

Vgl. Orelli V-XIV; Köhler 2; Syk. PhW 1284-85. Mon. 9.

2.

Socratis et Socraticorum, Pythagorae et Pythagoreorum quae feruntur epistolae. Graece ad fidem codicis quondam Helmstadiensis nunc Goettingensis recensuit, notis Allatii, Stanleii, Olearii, Hemsterhusii, Valckenarii, Koenii, Wyttenbachii, Ch. Wolfii, H. Bremii aliorumque et suis illustravit, versionem Latinam emendatiorem Allatii, Pearsoni, Olearii, Bentleii, Meinersii dissertationes et iudicia de epistolis Socratis et indicem adiecit Io. Conradus Orellius. Lipsiae MDCCCXV in libraria Weidmannia.

Erster Band einer geplanten, aber nicht weitergeführten Gesamtausgabe der griechischen Epistolographen. Orelli ließ alle ihm zugänglichen Abhandlungen, die bis dato über die Sokrates- und Sokratikerbriefe veröffentlicht worden waren, wieder abdrucken und verwertet neben einer Fülle von textkritischen Beiträgen älterer und zeitgenössischer Philologen[*] erstmals den Guelferbytanus G (in einer von K. Lachmann und Friedr. Meier angefertigten Kollation).

---

[*] Darunter die handschriftlichen Bemerkungen von L.C. Valckenaer (1715-1785) 'In Socratis et Socraticorum epistolas a Leone Allatio vulgatas' (Hs. Leiden, UB, BPL 439, fol. 66-80^V. Vgl. Codices Bibliothecae Publicae Latini, Lugd. Bat. 1912, S. 123-124. Bibl. Univ. Leidensis, Cod. Mss. III).
Die Kenntnis dieser Handschrift verdanke ich der freundlichen Mitteilung von J.A.A.M. Biemans (Bibliotheek der Rijksuniversiteit te Leiden/Abteilung der abendländischen Handschriften) im Schreiben vom 5. August 1982.

Vgl. Orelli V-XIV; Köhler 2; Syk. PhW 1285. Mon. 9-10; Döring Sok. 114 A. 1; Städele 144.

3.

Epistolographi Graeci. Recensuit, recognovit, adnotatione critica et indicibus instruxit Rudolphus Hercher, Parisiis 1873 (Nachdruck Amsterdam 1965).

Über das bei Orelli herangezogene Material hinaus verwertet die von Westermann begonnene Ausgabe mit lat. Übersetzung (p. 609ff.) lediglich den Parisinus P "a Boissonadio accurate cum exemplo Orelliano collatum" (LXVIII), bietet aber z.T. vortreffliche Konjekturen des Herausgebers. Für unser Korpus enthält der kritische Apparat (LXVIII sq.) anders als im Falle der Euripides- oder Pythagorasbriefe (vgl. Gößwein 65 bzw. Städele 29-30.144) keine falsch oder ungenau zitierten Angaben.

Vgl. Hercher LXVIII; Köhler 2-3; Syk. PhW 1285. Mon. 10; Reuters 46; Düring 3; Gößwein a.O.; Städele a.O.

4.

Die Briefe des Sokrates und der Sokratiker herausgegeben, übersetzt und kommentiert von Liselotte Köhler (Philologus Supplementband XX Heft II), Leipzig 1928.

Letzte und in vielerlei Hinsicht unzureichende Gesamtausgabe der Briefe mit deutscher Übersetzung (58ff.) und dürftigem Kommentar (92ff.). Grundlage sind die drei Handschriften A, G und P sowie der bei Allatius, Orelli und Hercher verzeichnete Apparat. Von der Überlieferung in G und P abweichende Lesarten des cod. Vat. 64 (V) sind in einem Anhang (130ff.) nachgetragen, aber nicht verwertet.

Vgl. Nestle 1577-78; Anonym. (BAGB 1929) 91-93; Chantraine 196; Taylor 22-23; Cast. Gnom. 217-219; Syk. Mon. 11-12; Cast. Boll. 219; Döring Sok. 114 A. 1.

5.

The Cynic Epistles. A Study Edition by A.J. Malherbe (Society of Biblical Literature. Sources for Biblical Studies 12), Missoula, Montana 1977.

Lesetext mit jeweils knapper Einführung sowie englischer Übersetzung der Briefe des Anacharsis, Krates, Diogenes, Heraklit, Sokrates und der Sokratiker. "The volume makes no pretensions to being a critical edition. The best recent text has in each case been printed, but without a textual apparatus" (3). Im Falle der Sokrates- und Sokratikerbriefe (218ff.) bietet die Ausgabe Köhlers Text mit der Übersetzung von S. Stowers (epp. 1-25) bzw. D.R. Worley (epp. 26-35).

6.
Socratis et Socraticorum reliquiae. Collegit, disposuit, apparatibus notisque instruxit Gabriele Giannantoni (Collana Elenchos 18), vol. 1, Napoli 1990, 301-308.

Köhlers Text (ohne app. crit.) der Sokratesbriefe 1-7.

Zu erwähnen ist schließlich noch der Lesetext des 1. Sokratesbriefes bei Imhof auf der Grundlage der vom Verfasser selbst angefertigten Kollationen der Codices G, P und V (a.O.71); eigentliche Absicht des aus Platzgründen auf zwei Hefte verteilten Beitrages ist allerdings "ein Versuch zur genaueren Beschreibung eines bestimmten Genos der antiken Trivialliteratur" (73).

3.4 Übersetzungen

1.
Historia philosophiae: vitas, opiniones, resque gestas et dicta philosophorum sectae cuiusvis complexa autore Thoma Stanleio. Lipsiae 1711.

Darin p. 191 sqq. eine "versio latina eaque melior Allatiana" (Orelli V).

2.
G. Giannantoni (Hg.), Socrate. Tutte le testimonianze, da Aristofane e Senofonte ai Padri Cristiani, Bari 1971 (^{2} 1986).

Umfangreiche Zusammenstellung der antiken Zeugnisse über Sokrates in italienischer Übersetzung, darunter S. 411ff. unsere 7 Sokratesbriefe (übersetzt von M.C. De Felice).

3.5 Zusammenstellung der Siglen

Sigla codicum exstantium

A	Barberinianus 181, saec. XV ex. - XVII
B	Vaticanus 1461, saec. XV
C	Vaticanus 1336, anni 1493
D	Palatinus 134, saec. XV- XVI
F	Laurentianus plut. 70.19, saec. XV
G	Guelferbytanus 902 - Helmstadiensis 806, saec. XV
Hb	Harleianus 5635, saec. XV med.
P	Parisinus 3054, saec. XV
V	Vaticanus 64, anni 1269/70

f	= F P D
g	= G C F P D
p	= P D
v	= V Hb bzw. B A

Sigla codicum deperditorum

α	V G
β	Hb B

Sigla editorum sive virorum doctorum

Al	Allatius
An	Anonymus <BAGB 1929, p. 91ff.>
Bo	Borkowski
Br	Bremi bei Orelli
Ca^g	Castiglioni Gnomon
Ca^b	Castiglioni Bollettino
Ca^d	Castiglioni Decisa forficibus
Ch	Cherniss
Da	Davis ap. Orelli
Her	Hercher
Hem	Hemsterhuys ap. Orelli
Ho	Howald ap. Köhler
Im	Imhof
Koe	Köhler
Ob	Obens
Or	Orelli
Pa	Pavlu
Re	Rehm ap. Köhler
Schae	Schaefer ap. Orelli
Scher	Schering
St	Stanley ap. Orelli
Sy	Sykutris (Mon.)
Va	Valckenaer
We	Westermann ap. Hercher
Wy	Wyttenbach ap.Orelli

ac	= ante correctionem
pc	= post correctionem
mg	= in margine
t	= in textu
c	= in commentario

4 Edition

4.1 Text mit kritischem Apparat

ΣΩΚΡΑΤΟΥΣ ΕΠΙΣΤΟΛΑΙ ΤΟΥ ΦΙΛΟΣΟΦΟΥ

I. Σωκράτης <'Αρχελάῳ>

3   (1) Οὔ μοι δοκεῖς καλῶς τὴν ἐμὴν συνιέναι γνώμην - οὐ γὰρ ἂν τὸ δεύτερον ἐπέστελλες καὶ πλέονα δώσειν ὑπισχνοῦ -, ἀλλ' ὥσπερ τοὺς σοφιστὰς καὶ
Σωκράτην φαίνῃ ὑπονοεῖν παλιμπράτην τινὰ εἶναι παιδείας καὶ τὰ πρότερον
6   γράψαι οὐχ ἁπλῶς αἱρούμενον, ἀλλ' ἐπὶ πλείοσι<ν ἢ> τοῖς τότε διδομένοις
ὑπὸ σοῦ. νῦν δ' οὖν ὑπερβολὰς ὑπισχνῇ καὶ τῷ πλήθει τῶν διδομένων οἴει με
παραστήσεσθαι καταλιπόντα τε τὴν 'Αθήνησι διατριβὴν παρὰ σὲ ἥξειν τὸν
9   οὔθ' ὅλως καλὸν νομίζοντα τοὺς ἐν φιλοσοφίᾳ πιπράσκειν λόγους, ἐμοί τε καὶ
σφόδρα ἄηθες.

---

1 σωκράτους ἐπιστολαὶ τοῦ φιλοσόφου Gᵗ (τοῦ φιλοσ. al. man. addidisse suspic. Im): ... ς
ἐπιστολαὶ ... C: om. V (Socratis epp. Gᵐᵍ sequentes videntur esse Socratis Dᵐᵍ)   2 Σωκράτης <'Αρχελάῳ> Bo: σωκράτου A σωκράτους ἐπιστολή Hb om. VG   4 πλε<ί>ονα
Her   6 αἱρούμενον] ἀρνούμενον Hem, prob. Sy: lac. subesse suspic. Gigon ap. Im |
πλείοσι<ν ἢ> Hem, prob. Sy | τοῖς ... δεδομένοις Hem τῶν ... διδομένων (om. ἢ) Her (unde
τῶν ... δεδομένων per errorem ut videtur Koe)   8 τε] om. A del. Br   8-9 τὸν ... νομίζοντα G: τὸν ... ἐστι V <καί>τοι ... ἐστι Sy   9 τε] δὲ per errorem ut videtur Im

4.2 Übersetzung

DIE BRIEFE DES PHILOSOPHEN SOKRATES

I. Sokrates <an Archelaos>

(1) Du scheinst meinen Standpunkt nicht richtig zu verstehen - sonst nämlich würdest Du nicht ein zweites Mal schreiben und versprechen, noch mehr zu geben -, sondern vermutest allem Anschein nach, daß auch Sokrates gleich den Sophisten so etwas wie ein Bildungskrämer sci und das Frühere geschrieben habe, weil er sich nicht ohne Hintergedanken entschieden hat, sondern um mehr herauszuschlagen als Dein damaliges Angebot. So versprichst Du mir jetzt Unmengen und glaubst, daß ich mich aufgrund der Fülle des Angebotenen gewinnen lasse und nach Aufgabe meiner Tätigkeit in Athen zu Dir kommen werde - ich, der ich der Meinung bin, daß es grundsätzlich nicht richtig ist, mit philosophischen Gesprächen Geld zu verdienen, und für mich ganz und gar unpassend.

    (2) Ἀφ' οὗ γὰρ προσῆλθον αὐτῇ τοῦ θεοῦ κελεύσαντος φιλοσοφεῖν, παρ'
12 οὐδενὸς οὐδὲν εἰληφὼς εὑρεθήσομαι· ἀλλὰ τὰς διατριβὰς ἐν κοινῷ ποιούμεθα ἐπίσης <καὶ> ὁμοίως ἀκούειν τῷ ἔχοντί τε καὶ μή. καὶ οὔτε ἐγκλεισάμενος
φιλοσοφῶ καθάπερ Πυθαγόρας ἱστορεῖται οὔτε εἰς τὰ πλήθη παριὼν τοὺς
15 βουλομένους ἀκούειν ἀργύριον εἰσπράττω, ὅπερ ἄλλοι τέ τινες πρότερον ἐποί-
ησαν καὶ τῶν καθ' ἡμᾶς ἔνιοι ποιοῦσιν. ὁρῶ γὰρ ὅτι τὰ μὲν ἀρκοῦντα καὶ παρ'
ἐμαυτοῦ ἔχω, τὰ δ' εἰς περιουσίαν, πρῶτον μὲν οἷς ἂν λαβὼν παρακαταθῶμαι
18 οὐχ εὑρίσκω οὐδένα τῶν δωσόντων μοι πιστότερον.

    (3) Οὓς εἰ μὲν φαύλους ὑπολήψομαι, οὐδὲ παρακατατιθέμενος αὐτοῖς
ὀρθῶς δόξω φρονεῖν· παρὰ χρηστῶν δέ μοι ἔξεστι καὶ μηδὲν δόντι λαμβάνειν.
21 οὐ γὰρ ἀργυρίου μὲν φύλακες πιστοὶ ὑπάρξουσιν, χάριτος δὲ ἄπιστοι, οὐδὲ τὸ
μὲν δοθὲν οὐκ ἂν ἀξιώσειαν ἀποστερεῖν, ἐφ' οἷς δὲ καὶ τὸ ἀργύριον ἐδίδοσαν, πρότερον προῖκα εἰληφότες παρ' ἡμῶν, περιόψονται ἡμᾶς ἀπορουμένους.
24 ἑνὶ δὲ κεφαλαίῳ· εἰκὸς φίλους μὲν ὄντας πολλὰ καὶ τῶν ἰδίων ἡμῖν προέσθαι,
φίλους δὲ μὴ ὑπάρχοντας ἔνια καὶ τῶν ἡμετέρων προσαποστερεῖν ζητήσειν.
αὐτὸς δὲ ὥστε τηρεῖν ἀργύριον οὐκ ἄγω σχολήν.

---

11 φιλοσοφεῖν del. Pa   **12** ποιοῦμαι V   **13** ἐπίσης <καὶ> ὁμοίως ἀκ. Br: ἐπίσης
ὁμοίας ἀκ. Hem ἐπίσης ὁμολ<ογήσ>ας ἀκ. Koe fortasse ἐπίσης διδόντες ἀκ. Her^c παρέχων
(vel ἄπασιν) ὁμοίως ἀκ. Sy ἐπίσης [ὁμοίως] ἀκ. <παρέχων> Im | τῷ ἔχοντι Br (τῷ <πολ-
λὰ> ἔχοντι Koe): τε (τὸ D) ἀεὶ ὄντι (τε ἄν τι AHb) codd. τῷ ἀεὶ ὄντι Al τῷ αἱροῦντι St τῷ
ἀ<φν>ει<ῷ> ὄντι vel τῷ ἀεὶ <συν>όντι Or^c τῷ <πλ>ουτοῦντι (vel <πλουσ>ίῳ sive <πέν>ητι
ὄντι) Sy τῷ θέλοντι Ca^b γ' ἐθέλοντι Ca^d | ἰσ. ἀκούειν τε ὁμοίως καὶ λέγειν ἔτοιμος ἀεί
A^{mg} (ἀκ. τε ὁμ. καὶ λέγ. ἀεὶ ἔτοιμος ὢν Al^c) | <τῷ> μή Or^t, fort. recte   **16** μὲν del. Or
17 πρῶτον μὲν] πραττόμενα Her   **18** οὐδένα G: οὐδένα γὰρ V οὐδένα γὰρ <οἶδα vel
ἔχω> Sy οὐδένα γὰρ <ὁρῶ> Ca^b | πιστότερον] ἰσ. ἡγοῦμαι πιστότερον A^{mg}   **19** παρα-
κατατιθέμεθα V   **22** ἀξιώσαντες Or^c | κἂν Br   **22-23** ἐδίδοσαν <ἂν> Or^c an
<ἂν> ἐδίδοσαν?   **24** ἑνὶ] ἐν Va | κἂν Schae | ἡμῖν] ἐμοὶ VP^c ὡς ὑμῖν A ὡς ἡμᾶς Al^c
ὡς ὑμεῖς St | προ<ήσ>εσθαι Her

(2) Denn seitdem ich mich ihnen, gemäß dem Befehl des Gottes zu philosophieren, zugewandt habe, habe ich, wie man finden wird, noch von niemandem etwas entgegengenommen. Vielmehr halte ich meine Vorträge in aller Öffentlichkeit, so daß der, der etwas hat, wie der, der nichts hat, in völlig gleicher Weise zuhören kann: Weder philosophiere ich hinter verschlossenen Türen, wie man es von Pythagoras erzählt, noch verlange ich, wenn ich vor die Leute trete, Geld von denen, die mir zuhören wollen, wie es manch andere früher getan haben und einige Zeitgenossen immer noch tun. Ich sehe nämlich, daß ich das, was man so braucht, auch durch mein eigenes Zutun bekomme. Was aber das betrifft, was darüber hinausgeht, so finde ich zunächst einmal niemanden, der zuverlässiger ist als die Geber, bei denen ich es, einmal bekommen, hinterlegen könnte.

(3) Wenn ich die nun für schlecht halte, dann wird man wohl, sollte ich ihnen etwas anvertrauen, von mir annehmen, ich sei nicht recht bei Sinnen. Von rechtschaffenen Menschen aber kann ich etwas bekommen, auch wenn ich vorher nichts gegeben habe: dann nämlich ist ausgeschlossen, daß sie nur Geld zuverlässig, ein Geschenk aber unzuverlässig bewahren und es einerseits wohl für unrecht erachten, mir das vorzuenthalten, was ich ihnen gegeben habe, mich andererseits aber im Stich lassen, wenn ich in Not bin, während sie von mir früher das umsonst bekommen haben, wofür sie mir sogar den fraglichen Geldbetrag entrichtet hätten. Kurz: wenn es sich um Freunde handelt, dann ist es nur natürlich, daß sie mir vieles auch aus ihrem persönlichen Besitz zur Verfügung gestellt haben, aber, sollten sie keine echten Freunde sein, nur darauf aus sein werden, mir zusätzlich noch so manches aus meinem Besitz wegzunehmen. Selber aber auf Geld aufzupassen, dafür habe ich keine Zeit.

27   (4) Θαυμάζω δὲ καὶ τῶν λοιπῶν οἳ παρασκευάζεσθαι μέν φασιν αὑτῶν
χάριν, φαίνονται δὲ καὶ αὐτοὺς διὰ τὰ κέρδη ἀποδεχόμενοι καὶ παιδείας ὀλι-
γωροῦντες χρηματισμοῦ ἐπιμελοῦνται. τοιγαροῦν τῆς μὲν κτήσεως θαυμάζον-
30   ται, τῆς δὲ ἀπαιδευσίας καταγελῶνται καὶ τῶν ἄλλων πάντων μακαρίζονται
πλὴν ἑαυτῶν. καίτοι πῶς οὐ δεινὸν ἐπὶ μὲν φίλῳ δοκεῖν εἶναι αἰσχρὸν ἡγεῖσθαι καὶ μηδ' ἂν βιῶναι βούλεσθαι ἑτέροις ὄντα πρόσθεμα καὶ ἀλλοτρίων
33   παρασιτοῦντα ἀγαθῶν, ταὐτὸ δὲ τοῦτο πρὸς τὰ χρήματα πεπονθότα μὴ αἰδεῖσθαι; ἢ οὐκ ἴσμεν, ὅτι καὶ τιμῶνται οὗτοι διὰ τὸν πλοῦτον καὶ μεταπεσούσης
τῆς τύχης ἐν ἀτιμίᾳ διάγουσι τῇ πάσῃ;

36   (5) Ὥστε μηδὲ τιμωμένους αὐτοὺς χαίρειν - οὐ γὰρ ἐφ' ἑαυτοῖς τιμῶνται -
ἀτιμαζομένους τε πολὺ μᾶλλον ἄχθεσθαι· τὸ γὰρ ἀτιμαζόμενον καὶ δι' ὃ παρορῶνται αὐτοί εἰσιν. Πρῶτον μὲν οὖν οὐκ ὀρθῶς ὑπέλαβες, εἰ Σωκράτην οἴει
39   τι ἀργυρίου ποιήσειν, ὃ μὴ καὶ προῖκα αὐτῷ καλῶς εἶχε πρᾶξαι. καὶ πρὸς τούτῳ ἐκεῖνο οὐκ ἐλογίσω, ὅτι ἐνταῦθά με πολλὰ κατέχει, καὶ τὸ μέγιστον, αἱ τῆς
πατρίδος χρεῖαι. καὶ μὴ θαυμάσῃς, εἰ καὶ τῇ πατρίδι χρείας τινάς φαμεν ἐκτε-
42   λεῖν, ὅτι οὔτε ἐν στρατηγίαις οὔτε ἐπὶ τοῦ βήματος ἐξετάζομαι.

(6) Πρῶτον μὲν γὰρ οἶμαι, καθ' ὃ δύναται ἕκαστος ὠφελεῖν, ἐξετάζεσθαι.
τὸ δὲ μείζονα ἢ ἐλάττω πράττειν οὐκ ἐπ' αὐτῷ ἐστιν· ἀλλὰ τοῦ μὲν ἕτερα ἔχει
45   τὴν αἰτίαν, τοῦ δὲ καθάπαξ αὐτός. ἔπειτα οὐ τῶν τοσαύτῃ πόλει συμβουλευ-
σόντων δεῖ μόνον οὐδὲ τῶν ἡγησομένων κατὰ γῆν ἢ καὶ κατὰ θάλατταν, ἀλλὰ

---

27 καὶ del. Koe | τῶν λοιπῶν] fort. τὸ λοιπὸν ? | παρασκευάζεσθαι] π. <φίλους vel μα-
θητὰς> Or^c π. <χρήματα> Her^c | φασιν] ἰσ. τοῖς φίλοις φασιν A^{mg}   27-28 αὑτῶν ...
αὐτοὺς Hb: αὑτῶν ... αὐτοὺς   28 καὶ¹ om. Or | ἀποδ[εχ]όμενοι Or ap. Her   31
δοκεῖν] ἰσ. τὸ δοκεῖν A^{mg} δοκοῦντι Va   33 παράσιτον <ὄν>τα Her   36 μηδὲ] μήτε
We   38-39 οἴει δι' ἀργύριον Koe   39 μὴ καὶ] μηδὲ καὶ Al | πρὸς τοῦτο V   43
ἐξετάζεσθαι] <δεῖν> ἐξεργάζεσθαι Pa   44 μείζω Her | ἐστιν] ἰσ. εἶναι A^{mg} | ἕτερα Br
(qui prob. etiam ἕτερον vel ἑτέραν): ἑτέραν VG ἑτέρους A^{mg} ἑτέρων A^t ἕτερος St | ἔχει G:
ἔχειν V <ἂν> ἔχοι St   45 αὐτόν A^{mg} | συμβουλευσάντων G   46 ἢ καὶ V: ἢ G [ἢ]
καὶ Ca^b

(4) Von den übrigen Menschen aber wundere ich mich über diejenigen, die zwar behaupten, nur für sich selbst vorzusorgen, aber auch diese ihre Einstellung offenkundig nur aus Gewinnsucht billigen und, ohne sich um Bildung zu kümmern, nur den Gelderwerb im Auge haben. Wegen ihres Besitzes werden sie dann zwar bewundert, wegen ihrer Unbildung aber verlacht und aus allen anderen Gründen nur nicht um ihrer selbst willen glücklich gepriesen. Es ist doch in der Tat schon ein starkes Stück, wenn man es zwar für schändlich hält, auf einen Freund angewiesen zu sein, und unter gar keinen Umständen im Gefolge anderer oder auf Kosten fremder Gefälligkeiten gelebt haben möchte, doch keine Bedenken hat, wenn einem genau das mit dem Geld widerfährt. Oder wissen wir etwa nicht, daß diese Leute wegen ihres Reichtums geehrt werden, nach einem Umschwung ihres Glücks aber in völliger Verachtung leben?

(5) Deshalb können sie sich auch dann nicht freuen, wenn sie geachtet werden - der Grund für diese Achtung liegt ja nicht in ihnen selbst -, und grämen sich noch viel mehr, wenn man sie verachtet; denn sie selber sind ja zugleich Gegenstand, den man verachtet, wie Ursache, weshalb man sie nicht beachtet. Zunächst also hast Du falsch vermutet, wenn Du glaubst, Sokrates werde für Geld etwas tun, das auch ohne Bezahlung getan zu haben für ihn nicht korrekt wäre. Darüber hinaus hast Du nicht bedacht, daß mich hier vieles festhält, in erster Linie meine Pflichten der Vaterstadt gegenüber. Und wenn ich behaupte, auch meiner Vaterstadt Dienste zu leisten, dann wundere Dich darüber nicht, nur weil ich mich weder in Feldherrnämtern noch auf der Rednerbühne präsentiere.

(6) Zunächst nämlich glaube ich, daß jeder nur dort in Erscheinung treten sollte, wo er etwas nützen kann. Mehr oder weniger auszurichten hängt jedoch nicht von ihm ab; dafür sind vielmehr andere Umstände verantwortlich, für jenes aber einzig und allein nur er selbst. Sodann sind nicht nur Männer erforderlich, die einen so bedeutenden Staat beraten und zu Lande wie zu Wasser führen können, sondern auch solche, die diejenigen, die das

καὶ τῶν ἐπιστησόντων τοὺς ἐπὶ τὰ τῇ πόλει συμφέροντα ἰόντας. οὐδὲ γὰρ θαυ-
48	μαστὸν ὑπὸ μεγέθους τῶν ἐπικειμένων οἷον ἀποκοιμίζεσθαι ἐνίους αὐτῶν,
οἷς τοῦ ἐπεγείροντος ὥσπερ μύωπος δεήσει.

(7) Πρὸς ἃ δὴ καὶ ἐμὲ ἔταξεν ὁ θεός. ἐπιεικῶς μὲν οὖν ἀπεχθάνεσθαί μοι
51	συμβαίνει ἀπ' αὐτοῦ. ἀλλ' ἐκεῖνος ἀφίστασθαι οὐκ ἐᾷ, ᾧ πειστέον μᾶλλον (εἰ-
κὸς γὰρ τό γε ὑγιὲς ἐμοῦ κρεῖττον αὐτὸν εἰδέναι). ἐπεὶ καὶ πρὸς σὲ βουλομένῳ
ἀπεῖπε μὴ ἰέναι καὶ τὸ δεύτερον πέμψαντός σου ἀπηγόρευσεν. ἀπειθεῖν δὲ
54	αὐτῷ ὀκνῶ καὶ τὸν Πίνδαρον ἡγούμενος εἰς τοῦτο εἶναι σοφόν, ὅς φησι (fr.
108 a Snell-Maehler)·

theoῦ δὲ δείξαντος ἀρχάν
ἕκαστον ἐν πρᾶγος, εὐθεῖα δὴ
57	κέλευθος ἀρετὰν ἑλεῖν,
τελευταί τε καλλίονες.

σχεδὸν γὰρ οὕτω που αὐτῷ ἔχει τὸ ὑπόρχημα.

60	(8) Πολλοῖς δὲ πολλὰ καὶ τῶν ἄλλων εἴρηται ποιητῶν περὶ θεῶν καὶ ὅτι
τὰ μὲν κατὰ τὴν τούτων βούλησιν πραττόμενα ἐπὶ τὸ λώϊον ἐκβαίνει, τὰ δὲ
παρὰ θεὸν ἀλυσιτελῆ ὑπάρξει τοῖς πράξασιν. ὁρῶ δὲ καὶ τῶν πόλεων τῶν
63	Ἑλληνίδων τὰς φρονιμωτάτας συμβούλῳ χρωμένας τῷ ἐν Δελφοῖς θεῷ, καὶ
ὅσα μὲν ἂν τούτῳ πειθόμεναι πράττωσι, πρὸς ὠφελείας αὐταῖς γινόμενα, ὅσα

---

47 οὐδὲ<ν> St			**48** οἷον] οἵ V			**51** ἰσ. συμβαίνει αὐτά A^mg			**52** βουλ<ευ>ο-
μένῳ Ho ap. Koe, fort. recte			**56** ἑκάστου Va | ἐν Hermann ap. Or: ἓν codd. (εν C) om.
Va | πράγεος Va			**60** πολλοῖς δὲ πολλὰ καί] πολλὰ del. Or πολλὰ δὲ πολλοῖς καὶ
transp. Her^t πολλὰ δὲ καὶ τοῖς ἄλλοις εἴρηται ποιηταῖς Her^c πολλὰ δὲ καὶ πολλοῖς Koe
61 λῷον Her			**62** περὶ θεὸν V ἰσ. παρὰ τὸ θεῖον βούλημα A^mg | ὑπάρξει V^acG: ὑπ-
άρχει V^pc			**64** ὅσα^1 Br: ὅσαι | αὐταῖς codd. (ἰσ. πράξεις αὐταῖς A^mg): αὐταῖς Her |
γινόμενα Br: γινομένας V γιγνομένας G			**64-65** ὅσα^2 ... βλαπτόμενα Br: ὅσαι ...
βλαπτομένας

Wohl des Staates im Auge haben, zum Nachdenken bringen können. Denn es ist ja keineswegs verwunderlich, wenn einige von ihnen unter der Größe ihrer Aufgaben gleichsam einschlafen und deshalb wie einen Stachel den brauchen, der sie aufweckt.

(7) Genau dies hat der Gott gerade mir als Aufgabe zugewiesen. Nun bedeutet das natürlich, daß ich mich unbeliebt mache. Davon aber abzulassen, läßt der nicht zu, dem man mehr gehorchen muß (denn selbstverständlich weiß er besser als ich, was zuträglich ist). Als ich nämlich zu Dir gehen wollte, hat er mir dies untersagt; auch als Du zum zweiten Mal geschrieben hattest, hat er mir die Erlaubnis verweigert. Ihm aber nicht zu gehorchen, davor scheue ich zurück, weil ich auch Pindar in diesem Punkt für weise halte, der sagt:

Wies an die Gottheit den Anfang
Zu jeder Tat, geradewegs führt dann
Der Pfad zu hohen Ruhms Erwerb;
Der Ausgang ist herrlicher noch.

So ungefähr nämlich heißt es in seinem Hyporchem.

(8) Vieles ist auch von zahlreichen anderen Dichtern über die Götter gesagt worden, vor allem, daß das, was nach ihrem Willen getan wird, zum Besseren ausgeht, was aber gegen den Willen Gottes geschieht, nutzlos sein wird für die, die es getan haben. Und ich sehe, daß sich von den griechischen Städten gerade die mit der größten Besonnenheit an den Gott in Delphi mit der Bitte um Rat wenden, und daß alles, was sie im Gehorsam gegen ihn tun, zu ihrem Vorteil ist, all das aber, worin sie nicht auf ihn hören, in aller Regel

δ' ἂν ἀπειθήσωσιν, ὡς τὸ πολὺ βλαπτόμενα. οὐ θαυμάσαιμι δ' ἄν, εἴ μοι περὶ
66 τοῦ δαιμονίου ἀπιστήσειας λέγοντι. ἤδη γὰρ πρός με καὶ ἄλλοι οὕτω διετέθησαν οὐκ ὀλίγοι.

(9) Πλεῖστοι δέ μοι ἐπίστευσαν ἐν τῇ ἐπὶ Δηλίῳ μάχῃ. παρῆν γὰρ τότε τῇ
69 στρατείᾳ καὶ συνεμαχόμην πανδημεὶ τῆς πόλεως ἐξεληλυθυίας· ἐν δὲ τῇ φυγῇ
ἅμα πολλοὶ ὑπαπῆμεν, καὶ ὡς ἐπὶ διαβάσεώς τινος ἐγινόμεθα, συνέβη μοι τὸ
εἰωθὸς σημεῖον. ἐνέστην οὖν καὶ εἶπον· "῎Ανδρες, οὔ μοι δοκεῖ ταύτην πορεύ-
72 εσθαι· τὸ γὰρ δαιμόνιόν μοι, ἡ φωνή, γέγονεν." οἱ μὲν οὖν πλείους πρὸς ὀργὴν [καὶ] ὡσπερεὶ παίζοντος ἐμοῦ οὐκ ἐν ἐπιτηδείῳ καιρῷ ὁρμήσαντες εὐθεῖαν ἐβάδιζον· ὀλίγοι δέ τινες ἐπείσθησαν καὶ τὴν ἐναντίαν ἐμοὶ συναπετρά-
75 ποντο· καὶ οἴκαδε πορευόμενοι διεσώθημεν. τοὺς δ' ἄλλους ἥκων τις ἐξ αὐτῶν
πάντας ἔφη ἀπολωλέναι· εἰς γὰρ τοὺς ἱππέας ἐμπεσεῖν τῶν πολεμίων ἐπανιόντας ἀπὸ τῆς διώξεως· πρὸς οὓς τὸ μὲν πρῶτον μάχεσθαι, ὕστερον δὲ περι-
78 κλειομένους ὑπ' αὐτῶν πλειόνων ὄντων ἐκκλίναντας καὶ περικαταλήπτους
γενομένους πάντας ἀπολέσθαι. αὐτὸς δὲ ὁ ταῦτα ἀπαγγέλλων τραυματίας
ἀφῖκτο μόνην τὴν ἀσπίδα σῴζων.

81 (10) Πολλὰ δὲ καὶ ἰδίᾳ προηγόρευσα ἐνίοις τῶν ἀποβησομένων διδάσκον-
τος τοῦ θεοῦ. σὺ δὲ καὶ τῆς βασιλείας ἔφησας μέρος διδόναι καὶ παρακαλεῖς
μὴ ὡς ἀρξόμενον βαδίζειν, ἀλλ' ὡς τοὐναντίον ἄρξοντα καὶ τῶν ἄλλων καὶ
84 σοῦ αὐτοῦ. ἐγὼ δὲ μεμαθηκέναι τὸ ἄρχειν οὔ φημι, μὴ εἰδὼς δὲ οὐκ ἂν δεξαίμην μᾶλλον βασιλεύειν ἢ κυβερνᾶν μὴ ἐπιστάμενος. οἶδα δέ, ὅτι εἰ καὶ οἱ ἄλλοι ἄνθρωποι ὁμοίως διέκειντο, ἧττον<α> ἂν ἦν κακὰ ἐν τῷ βίῳ. νῦν δ' ἡ τῶν

---

66 πρὸς <ἐ>μὲ Or   **68** ἐπίστευσαν] ἠπίστησαν A^{pc} | τότε τῇ V: ποτε τῇ G: fort. τῇ
τότε Her^c   **70** ἅμα om. Or | ὑπαπῆμεν Bo: ὑπαπήειμεν (ὑπαρπείημεν P^{ac}) codd. | ἐγε-
νόμεθα Br   **72** τοῦ γὰρ δαιμονίου Va Da   **72-73** ὀργὴν <λαβόντες aut simile quid>
Or ὀργὴν <ἀκούοντες> Br   **73** καὶ del. Br | οὐκ ἐν] ἐν οὐκ Her   **75** καὶ οἴκαδε] οἴ-
καδε ὡς V   **76** ἐπανιώντας V   **77** ἀπὸ] ἐπὶ V   **78** ἐγκλίναντας Her   **80**
καὶ μόνην P^{ac}, prob. Koe Sy   **82** παρακαλεῖς <με> Koe   **84** τὸ Sy: τε (del. Her) |
δὲ² G: τε V   **86** ἧττον<α> Or

Schaden nimmt. Es sollte mich jedoch nicht wundern, wenn Du meinem Reden über das Daimonion keinen Glauben schenkst; zu einer solchen Haltung mir gegenüber sind ja bereits nicht wenige andere gelangt.

(9) Sehr viele aber haben sich durch das, was in der Schlacht beim Delion geschehen ist, für mich einnehmen lassen. Ich habe nämlich damals an dem Feldzug teilgenommen und mitgekämpft, als die Stadt mit der gesamten Streitmacht im Felde stand. Auf der Flucht aber waren wir gerade dabei, uns in großer Zahl zurückzuziehen, und als wir eben an einer Furt waren, da erschien mir das gewohnte Zeichen. Ich stellte mich also in den Weg und sagte: "Männer, es scheint mir nicht gut, auf diesem Weg zu marschieren. Denn das Daimonion, die Stimme, hat sich in mir geregt." Da wurde der größere Teil von ihnen zornig, so als hätte ich zur Unzeit einen Scherz gemacht, und zog geradeaus weiter; einige wenige aber ließen sich überzeugen und schlugen mit mir den entgegengesetzten Weg ein. Wir kamen unversehrt nach Hause; die anderen aber waren, wie einer von ihnen nach der Rückkehr sagte, alle dem Untergang geweiht. Sie seien nämlich auf die feindlichen Reiter gestoßen, als diese von der Verfolgung zurückgekommen seien; gegen die hätten sie zwar zuerst noch gekämpft, seien dann aber, als ihr Widerstand in der Umzingelung durch die feindliche Übermacht zusammengebrochen und sie deren Zugriff schutzlos ausgeliefert gewesen seien, alle zugrunde gegangen. Der Überbringer dieser Nachricht aber war selber verwundet angekommen und hatte nur seinen Schild retten können.

(10) Vieles aber von dem, was sich ereignen würde, habe ich unter göttlicher Anleitung einigen auch persönlich vorausgesagt. Du sagtest aber auch, daß Du mir einen Teil Deiner Herrschaft abtreten möchtest, und forderst mich auf, zu Dir zu kommen, nicht um beherrscht zu werden, sondern um im Gegenteil sowohl über die anderen als auch über Dich selber zu herrschen. Ich gestehe aber, daß ich das Herrschen nicht gelernt habe; wenn ich jedoch davon nichts verstehe, dann werde ich eine Königsherrschaft wohl ebensowenig annehmen wie ich ein Schiff steuern würde, wenn ich mich darauf nicht verstehe. Ich weiß aber, daß es im Leben weniger Übel gäbe, würden auch die übrigen Menschen so eingestellt sein. So aber nimmt die Dreistigkeit der Dilettanten in Angriff,

87   μὴ ἐπισταμένων τόλμα ἐπιχειροῦσα οἷς μὴ ἴσασιν εἰς τοῦτο ταραχῆς αὐτὰ
     προάγει· ὅθεν καὶ τὴν τύχην ἔτι μείζω πεποίηκε τῇ ἐκείνων ἀνοίᾳ τὴν ταύτης
     ἐξουσίαν αὐξάνουσα.

90   (11) Καὶ μέντοι οὐδὲ ἐκεῖνο ἀγνοῶ, ὅτι ἐνδοξότερον εἶναι καὶ περιβλέ-
     πεσθαι μᾶλλον εἰκὸς ἰδιώτου βασιλέα ὄντα. ἀλλ' ὥσπερ οὐδὲ ἐφ' ἵππον ἂν
     εἱλόμην καθίζεσθαι ἄπειρος ὢν ἱππικῆς ἀλλ' ἐλυσιτέλει μοι πεζῷ εἶναι, κἂν
93   εἰ ταπεινότερος πολὺ τοῦ ἱππέως ἦν, οὕτω καὶ περὶ βασιλείας καὶ ἰδιωτείας
     φρονῶ· καὶ οὐκ ἂν ὑπ' ἐπιθυμίας τῶν μειζόνων ἐξαρθεὶς ἐπιφανεστέρων
     ὀρεχθείην συμφορῶν. ἐοίκασι δὲ καὶ οἱ πρῶτοι μυθολογήσαντες τὰ περὶ τὸν
96   Βελλεροφόντην τούτῳ τι παραπλήσιον αἰνίξασθαι.

          (12) Οὐ γὰρ ὅτι, οἶμαι, τόπου ὑψηλοτέρου ἐπεθύμησεν, ἀλλ' ὅτι πραγμά-
     των μειζόνων ἢ καθ' ἑαυτὸν ὠρέχθη, μετὰ ταῦτα αὐτῷ συμφοραὶ ἐγένοντο.
99   καταπεσὼν γὰρ ἀπὸ τῆς ἐλπίδος αἰσχρῶς καὶ ἐπονειδίστως τὸν λοιπὸν ἔζη
     βίον, διὰ τοὺς ἐφυβρίζοντας ἐν τοῖς ἄστεσιν ἐπὶ τὴν ἐρημίαν ἐπεξεληλυθὼς
     καὶ τὰς βάσεις ἀπολωλεκώς, οὐχ ὥσπερ ἡμεῖς οἰόμεθα λέγειν, ἀλλὰ τὴν παρ-
102 ρησίαν, ἐφ' ἧς ὀρθοῦται ὁ ἑκάστου βίος. ταῦτα μὲν οὖν ὅπη τοῖς ποιηταῖς φί-
     λα, ταύτῃ ὑπονοείσθω. τὸ δ' ἐμὸν δεύτερον ἤδη ἀκούεις, ὅτι οὐκ ἀλλάττομαι
     τῶν ἐκεῖ τἀνθάδε ἀμείνω δοκῶν. ἀλλ' οὐδὲ τῷ θεῷ συναρέσκει, ᾧ μέχρι νῦν
105 συμβούλῳ τε καὶ ἐπιτρόπῳ ἐμαυτοῦ χρῶμαι.

87 μὴ ἐπισταμένων G: ἐπιστήμων V ἀνεπιστημόνων A^mg | ἴσασιν] ἴστασιν V | αὐτὰ]
αὐτοὺς Her   **88** fort. ἀ<γ>νοίᾳ?   **92** εἶναι] ἰέναι Sy   **94** ὑπὸ G   **96** Βελε-
ροφ. G   **98** <αἱ> συμφοραὶ Ca^b   **99** γὰρ V: om. G   **99-100** ἔζη βίον] ἐξή-
μιον V   **101** ἄσπερ] ὥσπερ Or | οἰόμεθα] εἰθίσμεθα Her | λέγειν] ἰσ. λέγοντα A^mg
102 ὑφ' ἧς Va Br   **103** ταῦτα V   **104** ἀμείνω δοκῶν G: ἀμείνειν δοκῶ V (ἰσ. ἄ
μοι ἀμείνω δοκεῖ A^mg) ἀμείνω δοκεῖν Al ἀμείνω εἶναι δοκῶν vel ἐμμένειν δοκῶν St |
ἀλλ' οὐδὲ G: οὐδὲ V οὐδὲ <γὰρ> Ca^b <οὐδὲ γὰρ> οὐδὲ Ca^d

wovon sie nichts verstehen, und führt diese Unternehmungen dann zu dem bekannten
Maß an Unordnung; deshalb macht sie auch die Tyche noch einflußreicher, indem sie deren Macht durch den Unverstand jener Menschen noch verstärkt.

(11) Und fürwahr, auch das weiß ich sehr wohl, daß man als König selbstverständlich berühmter ist und stärker im Licht der Öffentlichkeit steht als ein Privatmann. Doch
wie ich mich auch auf ein Pferd nicht würde setzen wollen, ohne reiten zu können, sondern es besser für mich wäre, Fußsoldat zu sein, auch wenn ich dann viel weniger angesehen wäre als ein Ritter, so denke ich auch über Königsherrschaft und Privatleben und
werde deshalb wohl nicht in überheblichem Verlangen nach Höherem nur allzu offen-
kundiges Unheil erstreben. Es scheint aber, daß auch die, die als erste den Mythos von
Bellerophontes erzählt haben, etwas Ähnliches andeuten wollten.

(12) Denn, so glaube ich, nicht weil er nach einem höher gelegenen Ort strebte, sondern weil er nach Dingen verlangte, die über sein Maß hinausgingen, traf ihn hinterher
mancherlei Unglück: nachdem sich seine Hoffnungen ja zerschlagen hatten, verbrachte er
den Rest seines Lebens in Schimpf und Schande, weil er sich wegen der Spötter in den
Städten in die Einsamkeit begeben mußte und die Fähigkeit, seinen Weg zu gehen, verlo-
ren hatte - nicht die, an die wir in unserer Vorstellung immer denken, sondern die Eigen-
ständigkeit, auf der eines jeden Leben gründet. So also sollte man dies im Sinne der
Dichter auslegen. Was aber mich angeht, so hörst Du jetzt zum zweiten Male, daß mir die
Verhältnisse hier besser erscheinen und ich sie deshalb nicht gegen die dortigen eintau-
sche. Aber auch der Gott ist nicht einverstanden, nach dessen Rat und Anweisung ich
mich bis zum heutigen Tag richte.

II. Σωκράτης Ξενοφῶντι

Χαιρεφῶν ὃν τρόπον ὑφ' ἡμῶν σπουδάζεται οὐκ ἀγνοεῖς. ᾑρημένος δὲ
3 ὑπὸ τῆς πόλεως πρεσβευτὴς εἰς Πελοπόννησον τάχ' ἂν καὶ πρὸς ὑμᾶς ἀφίκοιτο. τὰ μὲν οὖν τῶν ξενίων εὐπόριστα ἀνδρὶ φιλοσόφῳ· τὰ δὲ τῆς πορείας ἐπισφαλῆ καὶ μάλιστα διὰ τὰς αὐτόθι νῦν ταραχὰς ὑπαρχούσας. ὧν ἐπιμεληθεὶς
6 ἐκεῖνόν τε σώσεις ἄνδρα φίλον καὶ ἡμῖν τὰ μάλιστα χαριῇ.

---

1 σωκράτης ξενοφῶντι ACD: σωκράτης ξενοφῶντι ἐμοὶ δοκεῖν P om. VG   **3** Πελοπό-
νησον codd. Χερσόνησον Ob, prob. Scher | ἡμᾶς V   **6** ἐκείνων V

III. <Σωκράτους>

Μνήσων ὁ Ἀμφιπολίτης ἐν Ποτιδαίᾳ μοι συνεστάθη. οὗτος νῦν Ἀθήναζε
3 ἔρχεται πρὸς τὸν δῆμον ἐκπεσὼν ὑπὸ τῶν οἴκοι. τὰ γὰρ ἐκεῖ κεκίνηται μὲν
ἤδη, οὔπω δ' ἐστὶ φανερά. οἶμαι μέντοι οὐ πολλοῦ αὐτὰ δηλώσειν χρόνου. τούτῳ συλλαβόμενος αὐτόν τε ἄξιον ὄντα ποιήσεις εὖ καὶ τὰς πόλεις ἀμφοτέρας
6 ὠφελήσεις· τὴν μὲν τῶν Ἀμφιπολιτῶν, ἵνα μὴ ἀποστᾶσα ἀνήκεστόν τι κινδυνεύσῃ παθεῖν, τὴν δ' ἡμετέραν, ὅπως μὴ καὶ περὶ ἐκείνης πράγματα ἔχοι ὡς
νῦν γε περὶ Ποτιδαίας μικροῦ δεομένη ἀπειρηκέναι.

---

1 <Σωκράτους> Or   **2** Μνήσων Her: Ἀνήσων VG   **4** οὔπω δ' G (οὔπω δὲ Al): οὔ-
πω V ἀλλ' οὔπω A^mg | πολλοῦ ἀ. δηλώσειν χρόνου] πολὺν ἀ. δηλώσειν χρόνον vel πολ-
λοῦ ἀ. δηλωθῆναι χρόνου Va πολλοῦ ἀ. δεήσειν χρόνου Her   **7** ἐκείνης G: ἐκείνει V
ἐκείνην A^ac, prob. Pa ἐκείνην vel ἐκείνη Sy | ἔχοι V, prob. Sy Pa: ἔχῃ G   **8** δεομένη Pa:
δεομένη ἢ VG δεομένην Sy

II. Sokrates an Xenophon

Wie sehr Chairephon von mir geschätzt wird, ist Dir wohlbekannt. Dieser ist von der Stadt zum Gesandten für die Peloponnes gewählt und wird deshalb vielleicht auch bei euch ankommen. Was mit Unterkunft und Verpflegung zusammenhängt, ist für einen Philosophen leicht zu bekommen; was aber mit der Reise zusammenhängt, ist unsicher, besonders wegen der dort im Augenblick herrschenden Unruhen. Wenn Du Dich um diese Dinge kümmerst, wirst Du in ihm einen Freund vor Unheil bewahren und zugleich mir einen sehr großen Gefallen erweisen.

III. <Von Sokrates>

Mneson aus Amphipolis ist mir vor Potidaia empfohlen worden. Er kommt jetzt nach Athen vor die Volksversammlung, da er von seinen Mitbürgern verbannt worden ist. Dort nämlich rebelliert man bereits, freilich noch nicht deutlich sichtbar; ich glaube allerdings, daß es innerhalb kurzer Zeit offenkundig sein wird. Wenn Du diesen unterstützt, wirst Du sowohl ihm, der es wert ist, etwas Gutes tun, als auch beiden Städten nützen: Amphipolis, daß es nicht abfällt und dann Gefahr läuft, völlig zugrunde gerichtet zu werden, unserer, daß sie nicht auch noch mit dieser Stadt Schwierigkeiten hat so wie im Augenblick mit Potidaia; denn sie ist nahe daran aufzugeben.

IV. <Σωκράτους>

Κριτοβούλῳ μὲν ἐντυχὼν παρεκάλουν πρὸς φιλοσοφίαν αὐτόν· ὁ δέ μοι
3 δοκεῖ διανενοῆσθαι μᾶλλον ἐξορμῆσ<εσ>σθαι πρὸς τὰ πολιτικά. αἱρήσεται
οὖν τὴν πρὸς ἐκεῖνα ἁρμόττουσαν παιδείαν καὶ τὸν ὑφηγησόμενον ἐκλέξεται
τῶν ὄντων τὸν κράτιστον· σχεδὸν δὲ νῦν ἐπιδημοῦσιν οἱ δοκιμώτατοι ᾽Αθή-
6 νησι, καὶ πολλοὶ αὐτῶν καὶ πρὸς ἡμᾶς ἔχουσιν οἰκείως. τὰ μὲν οὖν ἐκείνου
ταῦτα. τῶν δ᾽ ἐμῶν Ξανθίππη μὲν καὶ τὰ παιδάρια ἔρρωται· αὐτὸς δὲ ὥσπερ
καὶ παρόντος σου πράττω.

1 <Σωκράτους> Or   3 διανενοῆσθαι VG δίχα νοεῖσθαι vel δίχα νενοῆσθαι Va διανε-
νεῦσθαι Or ap. Koe δὴ ἀνεῖσθαι Br | ἐξορμῆσ<εσ>θαι Her (ὁρμῆσ<εσ>θαι Or^c): ἐξωρμῆ-
σθαι G δ᾽ ὡρμῆσθαι V δὲ ἐξωρμῆσθαι Va

V. <Σωκράτης> Ξενοφῶντι

(1) Σὲ μὲν ἐν Θήβαις ἡμῖν γενέσθαι ἀπηγγέλλετο, Πρόξενον δὲ καταλα-
3 βεῖν εἰς τὴν ᾽Ασίαν ὡς Κῦρον ὡρμηκότα. εἰ μὲν οὖν εὐτυχῶν ἐφίεσαι πραγμάτων, θεὸς οἶδεν, ὡς ἤδη γέ τινες τῶν ἐνταῦθα καταμέμφεσθαι αὐτὰ ἐπιχει-
ροῦσιν· οὐ γὰρ ἄξιόν φα<σι>ν εἶναι Κύρῳ βοηθεῖν ᾽Αθηναίους, δι᾽ ὃν τὴν ἀρ-
6 χὴν ὑπὸ Λακεδαιμονίων ἀφῃρέθησαν, οὐδ᾽ αὐτοὺς ὑπὲρ ἐκείνου πολεμεῖν κα-
ταπολεμηθέντας δι᾽ ἐκεῖνον. οὐκ ἂν οὖν θαυμάσαιμι, εἰ μεταπεσούσης τῆς
πολιτείας συκοφαντεῖν σέ τινες ἀφ᾽ ἑαυτῶν ἐπιχειρήσουσιν· ἀλλ᾽ ὅσῳ λαμπρό-
9 τερον τἀκεῖ χωρήσειν ὑπολαμβάνω, τοσούτῳ σφοδρότερον ἐπικείσεσθαι τού-
τους ἡγοῦμαι· τὰς γὰρ ἐνίων φύσεις οὐκ ἀγνοῶ.

1 <Σωκράτης> Ξενοφ. Or: ξενοφῶντι A om. VG   2 δὲ] δ᾽ οὐ Pa   2-3 καταλαβεῖν
τὴν ᾽Ασ. vel διαβαλεῖν εἰς τὴν ᾽Ασ. St μεταβαλεῖν εἰς τὴν ᾽Ασ. Schae   4 γέ] fort. καί ?
5 φα<σι>ν εἶναι Her: φανῆναι codd., prob. Sy   9 ἐπικείσεσθαι B Re: ἐπικεῖσθαι

IV. <Von Sokrates>

Ich habe Kritobulos getroffen und versucht, ihn zur Philosophie zu ermuntern; er scheint mir jedoch die Absicht zu haben, sich auf die Politik zu stürzen. Er wird also die entsprechende Ausbildung wählen und sich den Besten, den es gibt, aussuchen, der ihn unterweisen wird; die angesehensten aber halten sich wohl derzeit in Athen auf, und viele von ihnen stehen auch zu uns in einem freundschaftlichen Verhältnis. Soviel zu Kritobulos. Was aber mich und die Meinen betrifft, so sind Xanthippe und die Kinder wohlauf; mir selbst geht es so wie zur Zeit, als Du noch hier warst.

V. <Sokrates> an Xenophon

(1) Es wurde uns berichtet, daß Du in Theben eingetroffen bist, Proxenos aber bereits auf dem Weg nach Asien zu Kyros befindlich angetroffen hast. Ob es Dich da zu Unternehmungen hinzieht, die unter einem guten Stern stehen, weiß nur Gott. Schon jetzt nämlich schicken sich einige hier an, sie zu kritisieren; denn für Athener, so sagen sie, sei es unwürdig, Kyros zu unterstützen, durch dessen Schuld sie von den Spartanern der Herrschaft beraubt worden seien, oder sogar noch Krieg für ihn zu führen, wo sie doch durch dessen Eingreifen niedergerungen worden seien. Es sollte mich also nicht wundern, wenn nach Änderung der politischen Lage einige von sich aus darangehen werden, Dich zu verleumden; im Gegenteil: je erfolgreicher vermutlich die Dinge bei Dir verlaufen werden, desto heftiger, glaube ich, werden sie Dir zusetzen. Den Charakter mancher dieser Leute nämlich kenne ich nur zu gut.

(2) Ἡμεῖς δ' ἐπείπερ ἅπαξ εἰς τοῦτο ἑαυτοὺς ἔδομεν, ἄνδρες ἀγαθοὶ γινώ-
12 μεθα, τῶν τε ἄλλων ἃ περὶ ἀρετῆς εἰώθειμεν λέγειν ἀναμιμνησκόμενοι καὶ τὸ
"μηδὲ γένος πατέρων αἰσχυνέμεν" (Hom. Il. 6,209) ἐν τοῖς ἄριστα τῷ ποιητῇ
εἰρῆσθαι τιθέντες. ἴσθι δέ, ὡς δυοῖν τούτοιν μάλιστα προσδεῖται πόλεμος,
15 καρτερίας τε καὶ ἀφιλοχρηματίας. δι' ἐκείνην μὲν γὰρ τοῖς οἰκείοις φίλοι, διὰ
καρτερίαν δὲ φοβεροὶ τοῖς ἀντιπάλοις γινόμεθα· ὧν ἀμφοτέρων οἰκεῖα ἔχεις
παραδείγματα.

---

11 γενώμεθα Or   **13** ἰλ · ζ · χ (?) 209 A^mg   **15** δι' ἐκείνην] διὰ ταύτην Her | φί-
λον V   **17** τὰ παραδείγματα G, fort. recte

VI. <Σωκράτους>

(1) Τοῖν μὲν ξένοιν ἐπεμελήθην ὡς παρεκάλεις καὶ τὸν μὲν ἐν τῷ δήμῳ
3 συναγορεύσοντα αὐτοῖν ἐσκεψάμην τῶν ἡμετέρων τινὰ ἑταίρων, ὃς ὑπηρετήσειν ἔφη προθυμότερον διὰ τὸ καὶ σοὶ χαρίζεσθαι ἐθέλειν. περὶ δὲ τοῦ χρηματισμοῦ καὶ περὶ ὧν πρὸς <τῶν> παίδων ἔγραφες, τὸ μὲν ἐπιζητεῖν ἐνίους
6 οὐδὲν ἴσως ἄτοπον, εἰ πρῶτον μὲν ἐσπουδακότων τῶν ἄλλων περὶ πλοῦτον
ἐγὼ πένης αἱροῦμαι βιοῦν, ἔπειτα ἐξόν μοι παρὰ πολλῶν πολλὰ λαμβάνειν
οὐ τὰς παρὰ ζώντων μόνον δωρεὰς τῶν φίλων ἀλλὰ καὶ ὅσα ἂν τελευτῶντές
9 μοι ἀφῶσιν ἑκὼν παραιτοῦμαι· τὸν δ' οὕτω διακείμενον οὐδὲν θαυμαστὸν
μαινόμενον παρὰ τοῖς ἄλλοις νομίζεσθαι.

---

1 <Σωκράτους> add. Or   **3** αὐτοῖς G   **5** περὶ ὧν] fort. ὧνπερ ? | πρὸς <τῶν> παί-
δων Bo: προσπαίζων | τὸ μὲν ἐπιζητεῖν] τό μοι ἐπιπλήττειν vel τοῦ (sc. χρηματισμοῦ) μ'
ἐπισκήπτειν Or^c τὸ μὲν ἐπιπλήττειν Her^t τὸ μὲν τωθάζειν Her^c   **6** εἰ] τί Or secundum
Koe

(2) Da wir uns nun aber einmal darauf eingelassen haben, wollen wir uns als tüchtige Männer erweisen und sowohl daran denken, was wir sonst immer über die Tugend zu sagen pflegten, als auch besonders das Wort "und dem Geschlecht der Väter keine Schande bereiten" für einen der besten Aussprüche des Dichters zu halten. Wisse aber, daß im Krieg vor allem noch die folgenden zwei Tugenden nötig sind: Disziplin und Un-eigennützigkeit. Ihretwegen werden wir bei den Kameraden beliebt, wegen der Disziplin aber bei unseren Gegnern gefürchtet. Für beides hast Du auf Deine Situation passende Beispiele.

VI. <Von Sokrates>

(1) Wie Du gebeten hast, habe ich mich um die beiden Gastfreunde gekümmert und nach einem von meinen Bekannten Ausschau gehalten, der ihre Sache in der Volksver-sammlung vertreten wird; er werde sie, wie er sagte, besonders gerne unterstützen, weil er auch Dir einen Gefallen erweisen wolle. Was aber den Gelderwerb betrifft und das, was Du im Interesse der Kinder geschrieben hast, so ist es wohl keineswegs merkwür-dig, daß sich einige darüber Gedanken machen, wenn ich zunächst einmal, während die anderen eifrig um Reichtum bemüht sind, es vorziehe, als armer Mann zu leben, sodann wenn ich, obwohl ich die Möglichkeit habe, von vielen vielerlei zu bekommen, die Geld-geschenke von Freunden nicht nur zu deren Lebzeiten zurückweise, sondern auch all das, was sie mir auf dem Sterbebett hinterlassen. Daß aber jemand mit einer solchen Einstel-lung bei den anderen als verrückt gilt, ist keineswegs verwunderlich.

(2) Χρὴ δὲ μὴ τοῦτο μόνον, ἀλλὰ καὶ τὸν ἄλλον ἡμῶν προσεπιθεωρεῖν
βίον κἄν, εἰ περὶ τὴν χρῆσιν τῶν σωματ<ικ>ῶν διαφέροντες φαινοίμεθα, μὴ
θαυμάζειν, ὅτι καὶ περὶ τὸν πορισμὸν διεστήκαμεν. ἐμοὶ μὲν τοίνυν ἀπαρκεῖ
τροφῇ τε χρῆσθαι τῇ λιτοτάτῃ καὶ ἐσθῆτι θέρους τε καὶ χειμῶνος τῇ αὐτῇ·
ὑποδήμασι δὲ πάμπαν οὐ χρῶμαι· οὐδὲ πολιτικῆς ἐφίεμαι δόξης πλὴν ὅσον ἐκ
τοῦ σώφρων εἶναι καὶ δίκαιος. ὅσοι δὲ πολυτελείας μὲν τῆς περὶ τὴν δίαιταν
οὐδὲν ἀπολείπουσιν, ἐσθῆτας δὲ διαφόρους οὐχ ὅτι γε ἔτους τοῦ αὐτοῦ, ἀλλὰ
καὶ ἡμέρας τῆς αὐτῆς ἀμφιέννυσθαι ζητοῦσι, πολλὰ δὲ χαρίζονται καὶ ταῖς
ἀπορρήτοις ἡδοναῖς, (3) καὶ ὃν τρόπον οἱ τὴν κατὰ φύσιν χρόαν διεφθορότες
ἐπακτοῖς χρώμασι κοσμοῦνται, κἀκεῖνοι τὴν ἀληθινὴν δόξαν ἀπολωλεκότες,
ἣν εἰκὸς ἐξ ἀρετῆς περιγίγνεσθαι ἑκάστῳ, εἰς τὴν ἐκ τῆς ἀρεσκείας καταφεύγουσι, διανομαῖς καὶ ἑστιάσεσι πανδήμοις τὴν παρὰ τῶν πληθῶν εὐφημίαν
προκαλούμενοι. ὅθεν εἰκότως οἶμαι πολλῶν αὐτοῖς δεῖσθαι συμβαίνει· οὔτε
γὰρ αὐτοὶ ζῆν δύνανται ἀπ' ὀλίγων, οἵ τε πλησίον ἀποδέχεσθαι αὐτοὺς οὐκ
ἐθέλουσι μὴ μισθὸν τῆς εὐλογίας φερόμενοι. ἐμοὶ μὲν πρὸς ἄμφω ταῦτα καλῶς ἔχει ὁ βίος· καὶ εἰ μέν τί με τῶν ἀληθῶν ἐκφεύγει, οὐκ ἂν ἰσχυρισαίμην·
ὅτι μέντοι ταῦτα μὲν οἱ κρείττους φασὶν εἶναι βελτίω, ἐκεῖνα δὲ οἱ πολλοί,
σαφῶς οἶδα.

(4) Πολλάκις δὲ καὶ περὶ τοῦ θεοῦ κατ' ἐμαυτὸν ἐννοούμενος, καθ' ὅ τι
εὐδαίμων εἴη καὶ μακάριος, ὁρῶ τῷ μηδενὸς δεῖσθαι αὐτὸν ὑπερβάλλοντα
ἡμᾶς. φύσεως γὰρ λαμπροτάτης ἐκεῖνο ἦν τὸ οὐ πολλῶν δεόμενον ἑτοίμως
ἔχειν ἀπολαύειν· καίτοι σοφώτερόν τε εἶναι εἰκός, ὅστις ἑαυτὸν ἀπεικάζει τῷ

11 ἄλλων G   **12** τῶν σωματ<ικ>ῶν Sy: τῶν σωμάτων (τοῦ σώματος An τῶν χρημά-
των St τῶν βρωμάτων Pa) | φανούμεθα Her   **16** ὅσοι] οἱ Her, prob. Sy   **20** κοσ-
μῶνται V | κἀκείνη V   **21** ἐξ ἀρετῆς V^mg, hoc loco inseruit Sy: ante ἀληθινὴν G om.
V^t | παραγίγνεσθαι Sy | εἰς] ἐ V ἐπὶ B, fort. recte καὶ πρὸς A καὶ εἰς Al   **23** συμ-
βαίνειν Al   **24** οἵ τε πλησίον ... αὐτοὺς οὐκ] οὔτε πλεῖον ... ἄλλους οὔτ<οι> Koe   **26**
ἀληθῶ<ς ἀγαθῶ>ν Ca^b   **29** ἐνοούμενος V   **30** fort. <ἂν> εἴη? | τῷ A^pcHer: τὸ |
αὐτὸν om. Or   **31** ἐκεῖνο <ἄρα> ἦν Her^c | τὸ οὐ Bo: οὐ τὸ (τὸ del. Koe) | ἑτοίμων Or^c
32 καὶ τὸ σοφώτερον V

(2) Es ist jedoch erforderlich, nicht nur dies, sondern auch unsere übrige Lebensweise in Betracht zu ziehen und, sollte es sich herausstellen, daß wir uns im Gebrauch der Dinge, die den Körper betreffen, unterscheiden, so braucht man sich wohl nicht darüber zu wundern, daß wir uns auch beim Gelderwerb anders verhalten. Nun, mir genügt es völlig, die einfachste Speise zu mir zu nehmen und sommers wie winters dasselbe Gewand zu tragen; Schuhe brauche ich überhaupt nicht. Auch erstrebe ich kein Ansehen in der Bürgerschaft außer dem, das aus meiner Besonnenheit und Gerechtigkeit erwächst. Wieviele aber gibt es, die auf nichts an einer aufwendigen Lebensweise verzichten, sondern darauf aus sind, nicht nur im Laufe eines Jahres, sondern sogar an einem und demselben Tag verschiedene Gewänder zu tragen, sich vielfach verbotenen Vergnügungen hingeben, (3) und vergleichbar denen, die ihre natürliche Hautfarbe entstellen und sich mit aufgetragenen Schminkfarben herausputzen, jenes wahre Ansehen, das billigerweise jedem aus seiner Tüchtigkeit erwächst, ruiniert haben und deshalb ihre Zuflucht zu dem nehmen, das aus der Gefallsucht erwächst, indem sie mit öffentlichen Speisungen und Spenden an das ganze Volk den Beifall bei den Massen zu erregen versuchen! Dies führt, wie ich meine, begreiflicherweise dazu, daß sie viel benötigen; einerseits nämlich können sie selber nicht mit geringen Mitteln auskommen, andererseits wollen die Mitmenschen nur dann zu ihrer Klientel gehören, wenn sie für ihren Beifall Lohn bekommen. In meinen Augen jedenfalls steht es angesichts dieser beiden Möglichkeiten um mein Leben gut. Wenn mir dabei irgendetwas von der Wahrheit entgeht, so werde ich wohl nicht auf diesem Standpunkt beharren; daß allerdings meine Einstellung die Besseren für wertvoller erklären, jene andere aber die große Masse, weiß ich genau.

(4) Doch auch wenn ich, was oft geschieht, bei mir darüber nachdenke, worauf wohl die Glückseligkeit des Gottes beruhen könnte, dann sehe ich, daß er uns durch seine völlige Bedürfnislosigkeit überlegen ist. Denn als Kennzeichen der herrlichsten Naturanlage gilt immer schon jene Fähigkeit zum Genuß, ohne viel nötig zu haben. Nun ist aber selbstverständlich der besonders weise, der sich dem Weisesten angleicht, und im höch-

33 σοφωτάτῳ, καὶ μακαριώτατον ὑπάρχειν, ὃς ἂν ὅτι μάλιστα ἐξομοιωθῇ τῷ μακαρίῳ. τοῦτο δὲ εἰ μὲν πλοῦτος ποιεῖν ἐδύνατο, πλοῦτόν γ' ἂν ἐχρῆν αἱρεῖ-
σθαι· ἐπεὶ δὲ ἀρετὴ μόνη φαίνεται παρασκευάζειν, εὔηθες ἀφέντας τὸ ὂν
36 ἀγαθὸν τὸ δοκοῦν μεταδιώκειν.

(5) Ὡς μὲν οὖν τἀμὰ οὐχ οὕτω βέλτιον ἔχει, οὐκ ἄν μέ τις ῥᾳδίως μεταπείσειε. περὶ δὲ τῶν παίδων ὧνπερ ἔφησθα δεῖν προνοεῖσθαι, ἢ διανοοῦμαι
39 περὶ αὐτῶν μαθεῖν ἔξεστι πᾶσιν ἀνθρώποις. μίαν ἀρχὴν εὐδαιμονίας ἐγὼ
νομίζω φρονεῖν εὖ· τὸν δὲ νοῦ μὲν μὴ μετειληφότα, χρυσίῳ δὲ πιστεύοντα καὶ
ἀργυρίῳ, πρῶτον μὲν ὅπερ οἴεται κεκτῆσθαι ἀγαθὸν οὐκ ἔχειν, ἔπειτα τοσοῦ-
42 τον ὑπάρχειν ἀθλιώτερον τῶν ἄλλων, ὅσον ὁ μὲν ἀναγκασθεὶς ὑπὸ πενίας εἰ
καὶ μὴ νῦν, αὖθίς ποτε φρονήσει, ὁ δὲ τὰ μὲν ὑπ' οἰήσεως τοῦ εἶναι μακάριος
τῆς ἀληθινῆς ὠφελείας ἀμελῶν, τὰ δὲ ὑπὸ χορηγίας φθειρόμενος πρὸς οἷς
45 ἠτύχει ἤδη καὶ τῶν ὄντων ἀνθρωπίνων ἀγαθῶν, προσαπεστέρηται τὴν ὑπὲρ
τῶν μελλόντων χρηστὴν ἐλπίδα.

(6) Οὐδὲ γὰρ σωθῆναι οἷόν τέ ἐστι τῷ τοιούτῳ πρὸς ἀρετὴν κατεχομένῳ
48 μὲν ὑπὸ κολακείας ἀνθρώπων ὁμιλῆσαι δεινῶν, κατεχομένῳ δὲ ὑπὸ γοητείας
ἡδονῶν, αἳ κατὰ πᾶν αἰσθητήριον προσβάλλουσαι τῇ ψυχῇ πᾶν εἴ τι καλὸν ἢ
σωφρονικὸν ἐν αὐτῇ κρίμα ἐξελαύνουσι. τίς οὖν ἀνάγκη παισὶν αἰτίαν κατα-
51 λιπεῖν ἀφροσύνης μᾶλλον ἢ παιδεύσεως καὶ οὐ λόγοις μόνον ἀλλὰ καὶ ἔργοις

34 γ' ἂν CAP^c: γὰρ   **37** μεταπείσειε (vel μεταπείσει) Br: μεταπείσῃ   **38** τῶν
παίδων ὧνπερ Ca^d (dubitanter Ca^g): τῶν παίδων ὅπερ G, prob. Ca^gb τῶν παίδων καὶ ὅπερ
V <τοῦ> τῶν παίδων ὅπερ Sy   **43** φρονήσει <εὖ> Br   **44** διαφθειρόμενος V
45 ἠτύχει] ἀτύχει V εὐτυχεῖ A^t οὐκ εὐτυχεῖ A^mg ἠτύχησεν St | καὶ] γε St, fort. recte (om.
Or) | <καὶ> τὴν ὑπὲρ St, prob. Or^c   **47** τῶν τοιούτων V   **49** εἴ τι] ὅ τι Her   **50**
κρίμα] ἠρέμα Va (ἠρέμας? Br)   **51** παιδεύσεως <ἀφορμὰς vel simile> Ca^b: παιδεῦσαι
Ch post ἔργοις interpungens, fort. recte | καὶ^1 G (del. Her; καί<τοι> Or^c): ἐὰν (ἰσ. οἷον A^mg)
V, unde ἐὰν dubitanter Sy; post ἐὰν lac. subesse suspic. Drerup ap. Sy

sten Maße selig, wer dem Seligen so gut es geht gleichkommt. Wenn dies der Reichtum bewirken könnte, dann müßte man fürwahr den Reichtum wählen; da aber ausschließlich die Tugend darauf vorzubereiten scheint, wäre es töricht, vom tatsächlichen Gut abzulassen, um hinter dem nur vermeintlichen herzulaufen.

(5) Daß es mit meiner Sache also nicht solchermaßen besser steht, davon wird man mich nur schwer überzeugen können. Was aber die Kinder anbelangt, für die man, wie Du gesagt hast, vorsorgen müsse, so darf jedermann erfahren, wie ich darüber denke: Den einzigen Ausgangspunkt für ein glückliches Leben bildet in meinen Augen die Einsicht; wer dagegen keinen Verstand besitzt und stattdessen auf Gold und Silber vertraut, der besitzt erst einmal das Gut, das er erworben zu haben glaubt, nach meiner Überzeugung gar nicht, darüber hinaus ist er auch noch insofern schlimmer daran als die anderen, als jemand unter dem Druck der Armut, wenn auch nicht jetzt, so doch künftig irgendwann einmal zur Einsicht gelangen wird, ein anderer aber, der einerseits in der irrigen Annahme, glücklich zu sein, ständig das vernachlässigt, was ihm wirklich nützt, andererseits, vom Überfluß verdorben, zusätzlich zu den jetzt schon unablässig verfehlten tatsächlichen Gütern des Menschen auch noch der Hoffnung auf Glück in der Zukunft beraubt ist.

(6) Denn es ist unmöglich, daß ein solcher Mensch den Weg zur Tugend bis zum Ende geht, weil er im Bann der Schmeichelei von Menschen steht, die es geschickt verstehen, Beziehungen anzuknüpfen, im Bann aber auch des trügerischen Spiels von Vergnügungen, die sich durch jedes Sinnesorgan an die Seele heranmachen und jedes in ihr überhaupt vorhandene richtige oder besonnene Urteil austreiben. Was also sollte uns dazu zwingen, unseren Kindern etwas zu hinterlassen, das eher Unvernunft als Bildung hervorruft, wenn wir ihnen doch nicht nur mit Worten, sondern auch durch unser eigenes

δηλώσαντας, ὅτι ἐν σφίσιν αὐτοῖς τὰς ἀπ' αὐτῶν ἔχουσιν ἐλπίδας καὶ μὴ γενο-
μένοις ἀγαθοῖς οὐδὲ ζῆν καταλείπεται, ἀλλὰ λιμῷ φθαρέντες οἰκτρῶς τελευ-
54   τήσουσι πρέπουσαν ἀργίᾳ δίκην ἐκτίνοντες;

(7) Καίτοιγε ὁ νόμος μέχρις ἥβης κελεύει παῖδα ἐκτρέφεσθαι ὑπὸ γονέων·
"ὑμεῖς δ' ", ἴσως εἴποι τις ἂν ἀνὴρ πολιτικὸς ἀγανακτῶν πρὸς τοὺς ἑαυτοῦ
57   υἱεῖς κληρονομεῖν ἐπιθυμοῦντας, "οὐδὲ τελευτῶντος ἀφέξεσθαί μου διανο-
εῖσθε, ἀλλὰ καὶ τεθνεῶτα τροφὰς οἱ ζῶντες αἰτήσετε καὶ οὐκ αἰσχυνεῖσθε
θανάτου ζωὴν ἀπρακτοτέραν βιοῦντες; ἀλλὰ τὰ μὲν ἐμὰ περιττεύειν καὶ μετὰ
60   θάνατον ἀξιοῦτε ἑτέροις, τὰ δ' ὑμέτερα ὑμῖν οὐδ' εἰς τὸ ζῆν ἐξαρκέσει."

(8) Ἐκεῖνος μὲν οὖν σκαιῶς ἴσως πρὸς τοὺς ἑαυτοῦ παῖδας χρήσεται τοῖς
λόγοις πατρικὴν ἅμα πολιτικῇ παρρησίαν ἄγων. τὰ δ' ἐμὰ λόγων μὲν εἴνεκα
63   ἐπιεικέστερα ὄντα τυγχάνει, ἔργῳ δὲ οὐ πόρρω φαίνεται τῶν τούτου ἀποστατεῖν. ὅθεν ἐγὼ χρυσίον μὲν οὐ καταλείψω τοῖς ἐμαυτοῦ παισί, τοῦ δὲ χρυσοῦ
κτῆμα τιμιώτερον, φίλους ἐπιεικεῖς· οὓς φυλάττοντες μὲν οὐδενὸς ἐλλειφθή-
66   σονται τῶν ἀναγκαίων, κακῶς δὲ τὰ περὶ τοὺς φίλους μεταχειρίσαντες εὔδη-
λον, ὡς τά γε χρήματα πολὺ κάκιον διοικήσουσιν.

(9) Εἰ δέ σοι τὰς ἐνίων ὀλιγωρίας ὁρῶντι φαύλως δόξω βεβουλεῦσθαι,
69   πρῶτον μὲν ἐκεῖνο ὅρα, ὅτι οὐ πάντες ἄνθρωποι ὁμοίως ἔχουσι πρὸς τοὺς φίλους, εἰσὶ δὲ οἳ καὶ τετελευτηκότων αὐτῶν προνοοῦσιν, ἔπειθ' ὅτι τοὺς ἡμετέ-
ρους τούτων εἰκὸς εἶναι, οὐ φορτικῶς ἡμῖν συνεληλυθότας οὐδὲ νῦν μόνον,

52 δηλώσαντας G: δηλώσαντες V δηλῶσαι τις St δηλῶσαι Br ἐδήλωσα Or^c | ἀπ'] ἐπ'
BAP^c, prob. Ca^b; ἀπ' secl. Sy, fort. recte | ἴσ. ὅπου καὶ μὴ γενομένοις A^mg   **54** ἐκ-
τίοντες V   **55** μέχρι V   **58** τεθνεῶτα V: τελευτῶντα G   **60** an ἐξαρκέσει<ν> ?
61 σκαιῶς] ἰσ. οὐ σκαιῶς A^mg σκαιοῖς Or^c | τοῦ ἑαυτοῦ V   **62** πατρικὴν GA^mg:
πατρικῇ V | ἅμα καὶ A^mg | πολιτικὴν A^mg | παρρησίᾳ Koe | ἄγων] ἔχων A^mg | λόγου
μὲν ἕνεκα Her   **63** τῶν τούτου Re: πλουτούντων   **64** οὐκ ἀπολείψω V   **68** ὀρ-
<ροδ>ῶντι Or secundum Koe   **69** ὅρα Koe: ὁρῶ codd. (ἐρῶ A^pcHer)   **71** τούτων]
τ<οι>ούτους Her; fort. τ<ῶν τοι>ούτων? | φορτικοῖς A^mg

Verhalten gezeigt haben, daß sie das, was sie erhoffen, in sich selbst tragen und daß ihnen, wenn sie nicht tüchtig geworden sind, nicht einmal etwas zum Leben bleibt, sondern sie vom Hunger zugrunde gerichtet ein bejammernswertes Ende nehmen und somit die ihrer Trägheit gebührende Strafe erleiden werden?

(7) Nun sieht aber das Gesetz vor, daß Eltern für den Unterhalt eines Kindes nur bis zu dessen Volljährigkeit sorgen müssen. "Ihr aber", so könnte irgendein Bürger vielleicht sagen, der unwillig über seine Söhne ist, weil diese nur nach seinem Erbe trachten, "ihr aber gedenkt, mir nicht einmal, wenn ich im Sterben liege, meine Ruhe zu lassen. Nein, selbst wenn ich schon tot bin, werdet ihr, die Lebenden, von mir noch Unterhalt verlangen und euch nicht schämen, ein Leben zu führen, das noch tatenloser ist als der Tod; im Gegenteil, ihr haltet es für richtig, daß meine Mittel anderen selbst nach meinem Tod noch im Überfluß zur Verfügung stehen, die Euren aber euch nicht einmal zum Leben reichen werden."

(8) Nun verfährt jener zwar in der Wortwahl seinen Söhnen gegenüber vielleicht etwas grob, weil er ja mit dem Recht des Vaters und gleichzeitig Bürgers offen heraussagt, was er denkt; meine Haltung jedoch ist nur im Ton gemäßigter, in der Sache aber, so zeigt sich, ist sie von dessen Einstellung nicht weit entfernt. Deshalb werde ich meinen Kindern kein Gold hinterlassen, sondern einen noch wertvolleren Besitz als Gold: aufrichtige Freunde. Wenn sie sich diese erhalten, wird ihnen nichts von den notwendigen Dingen fehlen; gestalten sie dagegen die Beziehungen zu ihren Freunden schlecht, so liegt auf der Hand, daß sie mit dem Geld noch schlechter umgehen werden.

(9) Wenn Du jedoch mit Blick auf die Nachlässigkeit einiger vielleicht glaubst, daß ich damit einen schlechten Entschluß gefaßt habe, dann halte Dir erstens vor Augen, daß sich nicht alle Menschen ihren Freunden gegenüber gleich verhalten, sondern daß es manche gibt, die sich sogar noch um ihre Freunde kümmern, wenn diese bereits tot sind, und zweitens, daß unsere Freunde natürlich zu dieser Gruppe von Menschen gehören, weil sie in durchaus angemessener Weise Umgang mit uns gehabt haben und der von mir ausgehende Nutzen nicht nur jetzt, sondern auch dann noch in gleicher Weise für sie von

72 ἀλλὰ καὶ τότε τῆς παρ' ἡμῶν οὐχ ἧττον ἀπολαύοντας ὠφελείας. τῆς μὲν οὖν
ὀλιγοχρονίου χάριτος εἰκὸς καὶ τὰς ἀμοιβὰς εἶναι βραχείας, αἱ πολυχρόνιοι
δὲ τῶν εὐεργεσιῶν ἴσην τῇ ὠφελείᾳ τίκτουσι τὴν ἀμοιβήν.

75   (10) Τὰ δ' ἐμὰ μαντεύομαι προκόπτουσι τοῖς ἑταίροις καλλίω φανεῖσθαι
(διόπερ οὐδὲ μισθοὺς αὐτοὺς εἰσπράττομαι, ὅτι οὐδὲν ἔχω πρέπον ἀντικατάλλαγμα φιλοσοφίας ἄλλο πλὴν φιλίαν καὶ ὅτι οὐχ ὥσπερ οἱ σοφισταὶ κἀγὼ δέ-
78 δοικα περὶ τῶν ἰδίων)· παλαιούμενα γὰρ νέα γίνεται καὶ πρὸς γῆρας μᾶλλον
ἀναθεωρεῖσθαι φιλεῖ. ὅθεν αὐτά τε μάλιστα ὑπὸ τῶν μαθόντων στέργεται
τότε, καὶ ὁ γεννήσας αὐτὰ πατὴρ ἐπιποθεῖται· περιὼν μὲν οὖν τιμῆς τυγχά-
81 νει, τελευτήσας δὲ μνήμης ἀξιοῦται· κἂν τῶν οἰκείων τινὰ ἀπολελοιπὼς ᾖ,
τοῦδε ὡς υἱεῖς ἢ ἀδελφοὶ κήδονται πᾶσαν εὔνοιαν εἰς αὐτὸν ἐνδεικνύμενοι,
τρόπον τινὰ ἕτερον συγγενείας τῆς κατὰ φύσιν συνηρτημένοι αὐτῷ.

84   (11) Οὔκουν δύνανται, οὐδ' εἰ βούλοιντο, κακῶς πράττοντα αὐτὸν παρεξιέναι ὥσπερ οὐδὲ τοὺς κατὰ γένος προσήκοντας ὑπερορᾶν οἷοί τέ ἐσμεν. τὸ
γὰρ ἐν τῇ ψυχῇ συγγενὲς ἅτε ἐκ τοῦ αὐτοῦ πατρὸς ἀδελφὸν γεγενημένον
87 ἀναγκάζει σφᾶς βοηθεῖν τῷ τοῦ τετελευτηκότος υἱεῖ ὑπομιμνῆσκον τοῦ πατρὸς καὶ τὴν ἐκείνου ὀλιγωρίαν σφετέραν ἀτιμίαν τιθέμενον. ὅρα οὖν, εἴ σοι
δόξω ἔτι ἢ τἀμαυτοῦ κακῶς οἰκονομεῖν ἢ τῶν παιδίων, ὅπως μηδὲν ὑστερήσω-
90 σι τῶν ἀναγκαίων ἐμοῦ τελευτήσαντος, ὀλιγωρεῖν, ὃς οὐδὲ χρήματα αὐτοῖς,
ἀλλὰ καὶ τοὺς τῶν χρημάτων καὶ αὐτῶν ἐκείνων ἐπιμελησομένους καταστησάμενος καταλείπω.

<hr>

72 ἀπολαύοντας ὠφελείας Cᵃᶜ: ὠφελ. ἀπολ. | μὲν om. G   73 ὀλιγοχρονίας V
78 νέα] ἔννοα Ho, male <ἀεὶ> νέα Caᵇ | γίγνεσθαι Or | πρὸς <τὸ> γῆρας Her   79
ἀναθορεῖσθαι St ἀναζωπυρεῖσθαι Her   80 πατὴρ] compendium πηρ VG <ὥσπερ> πα-
τὴρ Caᵇ | περιὼν G: περὶ ὧν V   81 καταλελοιπὼς Her   82 τοῦδε GAᴾᶜ: τοῦ δὲ V
| υἱέος He υἱέως Koe | ἀδελφοῦ Her   83 συνηρτημένοι V: συνανηρτημένοι G   86
ἅ τε Al | γεγεννημένον Aᴾᶜ, fort. recte   87 τελευτηκότος V   89 ἔτι ἢ] ἔτι καὶ V |
<τὰ> τῶν παιδίων Koe, male   91 καὶ τοὺς] καὶ om. G τοὺς καὶ Sy, fort. recte | κατα-
στησάμενος G: κ.-σόμενος V om. PD, prob. Schae Her fort. κ.-σομένων Bo

Vorteil ist. Daß nun für eine kurzzeitige Gefälligkeit auch die Gegenleistungen nur von kurzer Dauer sind, lang anhaltende Wohltaten dagegen zu einer ihrem Nutzen entsprechenden Gegenleistung führen, leuchtet ein.

(10) Ich habe aber das Gefühl, daß das, was ich meinen Freunden mitzugeben habe, ihnen mit zunehmendem Alter noch wertvoller erscheinen wird (gerade deshalb verlange ich ja auch keine Bezahlung von ihnen, weil ich für die Philosophie, von der Freundschaft abgesehen, keine angemessene Gegenleistung kenne und weil nicht auch ich wie die Sophisten in Angst um meine Habseligkeiten lebe); denn trotz des Alterns wird es frisch und will dann im Alter ein zweites Mal genauer betrachtet werden. Von den ehemaligen Schülern wird es deshalb dann am meisten geschätzt und der Urheber herbeigesehnt, der es hervorgebracht hat. Zu seinen Lebzeiten also wird ihm Ehre zuteil, nach seinem Tod aber hält man es für geboten, sich seiner zu erinnern. Und wenn er irgendeinen Verwandten hinterlassen hat, dann kümmern sie sich um diesen wie Söhne oder Brüder und bringen ihm dabei jedes nur erdenkliche Wohlwollen entgegen, sind sie ihm doch durch eine Verwandtschaft verbunden, die nur irgendwie anders ist als die naturgegebene.

(11) Sie können also, selbst wenn sie das wollten, ihn nicht einfach links liegen lassen, falls es ihm schlecht geht, ebenso wie auch wir unsere Blutsverwandten nicht im Stich zu lassen imstande sind. Die Seelenverwandtschaft nämlich zwingt sie wie einen vom selben Vater abstammenden Bruder, dem Sohn des Verstorbenen beizustehen, in dem sie an seinen Vater erinnert und die Vernachlässigung des Sohnes als eigene Schande betrachtet. Sieh also zu, ob ich bei Dir dann auch weiterhin noch den Eindruck erwecken kann, als regelte ich meine Angelegenheiten schlecht oder als sei es mir gleichgültig, daß meine Kinder, wenn ich gestorben bin, Mangel an den wirklich notwendigen Dingen leiden, wo ich ihnen doch nicht etwa Geldmittel, sondern vielmehr Menschen vermache, die, nachdem ich sie eingesetzt habe, für die Geldmittel und meine Kinder selbst sorgen werden.

93   (12) Καίτοι ὑπὸ μὲν ἀργυρίου οὐδεὶς βελτίων εἰς τὴν ἡμέραν ταύτην ἱστορεῖται γενόμενος· ὁ δὲ δόκιμος φίλος καὶ ταύτῃ αἱρετώτερος τυγχάνει τοῦ δοκίμου χρυσίου, ὅτι οὐ πᾶσι τοῖς ὀρεγομένοις, ἀλλὰ τοῖς βελτίοσι τῶν φίλων
96   ὑπηρετεῖ, οὐδὲ τὰς τοῦ βίου χρείας μόνον, ἀλλὰ καὶ τὴν αὐτοῦ τοῦ κεκτημένου
ψυχὴν θεραπεύει καὶ εἰς ἀρετῆς λόγον, ἧς χωρὶς οὐδὲν τῶν ἀνθρωπίνων ὀνίνησι, πλεῖστα [τε] συμβάλλεται. τὸ μὲν οὖν ἀκριβὲς τούτων πέρι καὶ κατ' ὄψιν
99   ἐντυχόντες ἀλλήλοις ἐπισκεψόμεθα· πρὸς ἃ δὲ ἐπιζητεῖς νῦν ἀρκεῖ καὶ διὰ
τῶν εἰρημένων ἀποκεκρίσθαι μετρίως.

---

95 βελτίωσι V   **98** [τε] A^{pc} γε Ca^b, fort. recte   **99** ἐπισκεψώμεθα G

VII. <Σωκράτους>

(1) Σὲ μὲν οὐ θαυμαστὸν ἐπιστέλλειν ὑπὲρ ὧν γράφεις· τὴν γὰρ αὐτὴν
3   ὑπολαμβάνεις γνώμην, ἣν παρόντος σου πρὸς ἡμᾶς εἶχον, καὶ νῦν ἀπόντος
φυλάττειν ἔτι τοὺς τριάκοντα. ἐμοὶ δὲ συνέβη μετὰ τὴν σὴν ἀποχώρησιν εὐθέως ὑποπτευθῆναι καί τις λόγος ἐν αὐτοῖς διῆλθεν, ὡς οὐ χωρὶς Σωκράτους
6   ταῦτ' εἴη πεπραγμένα. ἡμέραις δ' οὐ πολλαῖς ὕστερον ἀνακαλεσάμενοί με εἰς
τὴν Θόλον ἦγον καὶ περὶ τούτων ἐμέμφοντο· καὶ ἐμοῦ ἀπολογουμένου ἰέναι
με ἐκέλευον εἰς Πειραιᾶ καὶ Λέοντα συλλαμβάνειν. ἦν δὲ <ἡ> γνώμη αὐτῶν
9   ἐκεῖνον μὲν ἀποκτιννύναι καὶ τὰ χρήματα αὐτοῦ σχεῖν, ἐμὲ δὲ κοινωνὸν ποιεῖσθαι τοῦ ἀδικήματος.

---

1 <Σωκράτους> Or   **3** σου παρόντος A^{mg} σου om. A^t | ἀπόντος] ἀπόντος σου C Koe
5 ἐν αὐτοῖς V: ὡς αὐτοὺς G   **6** μετακαλεσάμενοί με Sy   **7** ἰέναι G   **8** <ἡ>
add. Her   **9** αὐτοῦ σχεῖν Bo: αὐτοὺς ἔχειν

(12) Tatsächlich wird ja bis auf den heutigen Tag noch von keinem überliefert, daß er durch Geld besser geworden sei. Ein echter Freund ist aber auch deshalb echtem Geld vorzuziehen, weil er unter seinen Freunden nicht einfach alle unterstützt, die danach verlangen, sondern nur die, die es in höherem Maß verdient haben, und weil er sich auch nicht nur der Bedürfnisse des alltäglichen Lebens, sondern auch der Seele selbst des Besitzenden annimmt und so am meisten zur Tugend beiträgt, ohne die nichts Menschliches von Nutzen ist. Einzelheiten dazu können wir ja, wenn wir persönlich zusammentreffen, noch erörtern; für den Augenblick aber genügt es, daß Deine Fragen mit dem Gesagten einigermaßen beantwortet sind.

VII. <Von Sokrates>

(1) Daß Du Dich im Zusammenhang mit den Dingen, die Du schreibst, mit Bitten an mich wendest, ist nicht verwunderlich; Du vermutest nämlich, daß die Dreißig auch jetzt, wo Du fort bist, immer noch an derselben Meinung festhalten, die sie von mir hatten, als Du noch da warst. Es hat sich jedoch ergeben, daß ich nach Deiner Flucht sofort in Verdacht geraten bin und unter ihnen so ein Gerede die Runde machte, wonach diese Dinge wohl nicht ohne Sokrates bewerkstelligt worden seien. Wenige Tage später jedenfalls ließen sie mich vorladen, führten mich in die Tholos und machten mir deswegen Vorhaltungen; und als ich mich zu rechtfertigen versuchte, trugen sie mir auf, zum Piräus zu gehen und Leon festzunehmen. Ihre Absicht freilich war es, jenen zu töten und in den Besitz von dessen Vermögen zu gelangen, mich aber an dem Unrecht zu beteiligen.

     (2) Παραιτουμένου δέ μου καί τι τοιοῦτον εἰπόντος, ὡς οὐκ ἂν ἑκών ποτε
12   ἔργῳ ἐπιγραφείην ἀδίκῳ, παρὼν ὁ Χαρικλῆς καὶ ἰδίᾳ ἀγανακτήσας "ἦπου οὐ-
     δέν, ὦ Σώκρατες," ἔφη, "ἡγῇ κακὸν δύνασθαι παθεῖν οὕτως αὐθάδως διαλε-
     γόμενος;" κἀγώ "μυρία μὲν οὖν, νὴ Δί'," εἶπον, "ὦ Χαρίκλεις, οὐ μέντοι το-
15   σοῦτόν γε οὐδέν, ὁπηλίκον εἰ ἀδικήσω." ἀπεκρίνατο μὲν οὖν οὐκέτι οὐδὲ εἷς
     αὐτῶν, δοκοῦσι δέ μοι οὐχ ὁμοίως ἐξ ἐκείνου τοῦ χρόνου διακεῖσθαι.

     (3) Περὶ δὲ ὑμῶν οἱ παρόντες διήγγελλον κατὰ γνώμην ἄχρι νῦν χωρεῖν
18   τὰ πράγματα. ἔλεγον γάρ, ὅτι οἱ Θηβαῖοι καταφυγόντας ὑμᾶς ἀσμένως ἀπο-
     δέξαιντο καὶ κατιοῦσι πάσῃ προθυμίᾳ συλλαμβάνειν οἷοί τέ εἰσιν. ἐταράτ-
     τοντο δὲ καὶ τῶν ἐνταῦθά τινες τοῖς λόγοις τούτοις καὶ ὅτι καὶ τὰ ἐκ τῆς Λα-
21   κεδαίμονος δυσελπιστότερα ἠγγέλλετο. ἔλεγον γὰρ οἱ μετὰ τῶν πρέσβεων
     ἐκεῖθεν ἥκοντες πολέμοις τε καταλαβεῖν τοὺς Λακεδαιμονίους συνεστηκότας
     μεγάλοις καὶ τοὺς ἐφόρους περὶ τῆς ἐνταῦθα ταραχῆς ἀκούοντας ἀγανακτεῖν
24   οὐκ ἐπ' ὀλέθρῳ λέγοντας αὐτοῖς παραδεδωκέναι τὴν πόλιν τοὺς Λακεδαιμο-
     νίους - τοῦτο μὲν γὰρ ἐξεῖναι σφίσι γε κρατήσασι πεποιηκέναι εἰ ἐβούλοντο
     τῶν συμμάχων Κορινθίων καὶ Θηβαίων τότε ἐναγόντων -, ἀλλ' ὅπως αὐτοῖς
27   τε πολιτεύσωνται ἐπιτηδείως ὀλιγαρχούμενοι καὶ τὰ κοινὰ διοικοῦντες βέλ-
     τιον ἢ ἐπὶ τῆς δημοκρατίας.

     (4) Εἰ οὖν οὗτοι ἀληθῆ ταῦτα ἀπαγγέλλουσι καὶ τὰ ὑμέτερα οὕτως ὥς φα-
30   σιν ἔχει, πολλὴ ἐλπὶς ὑμῶν μετὰ Θηβαίων ἀφικομένων, ἐκείνοις δὲ μὴ βοηθη-
     σάντων Λακεδαιμονίων ῥᾳδίως καταστήσεσθαι τὰ ἐνθάδε. ὁμοῦ δὲ καὶ τῶν
     ἐπιχωρίων πολλοί, οἳ νῦν μὲν διὰ τὸ δεδοικέναι ἄγουσιν ἡσυχίαν· εἰ δὲ τῶν

---

12 ἰδίᾳ ἀγανακτήσας] fort. διαγανακτήσας?   **14** νὴ Δί'] ἡ δί V ἰσ. εἰ δεῖ A^mg | το-
σοῦτο V   **20** δὲ] δὴ Koe | ἐνταῦθά V: ἐνθάδε G, prob. Her An   **22-23** πολέμοις
... μεγάλοις Bo: πολέμους ... μεγάλους   **22** τοὺς Λ.-ίους G: τοῖς Λ.-ίοις V   **23**
ἐνταῦθα V: ἐνθάδε G   **25** σφίσι γε Bo (καὶ σφίσι Wy σφίσι Her): ἔφη καὶ G ἔφη εἰ καὶ
(καὶ supra lin.) V ἰσ. ἔφησαν A^mg ἔφη γε St | εἰ GV^pc: ἀεὶ V^ac om. Al εἰ ante πεποιηκέ-
ναι (26) trp. St   **26** ἐναγ.] ἐπαγ. Sy   **26-27** αὐτοῖς τε] αὐτοί τε Al αὐτοὶ Her
31 καταστήσεσθαι Her: -σασθαι   **32** πολλοί οἳ νῦν] πολλοὶ νῦν Wy, fort. recte

(2) Als ich mir dies verbat und so sinngemäß gesagt hatte, daß ich mich aus freien Stücken wohl niemals an einer unrechtmäßigen Tat beteiligen würde, da geriet Charikles, der anwesend war, auch aus persönlichen Gründen außer sich und sagte: "Ja glaubst Du denn, Sokrates, Dir könne nichts passieren, wenn Du so eingebildet daherredest?" Darauf ich: "Unendlich viel, gewiß, beim Zeus, freilich nichts, Charikles, das so schlimm wäre, wie wenn ich ein Unrecht begehen muß." Darauf nun sagte zwar kein einziger mehr von ihnen etwas, doch habe ich den Eindruck, als seien sie mir seitdem nicht mehr in gleicher Weise wohlgesonnen.

(3) Was aber euch anbelangt, so haben alle, die gekommen sind, berichtet, daß die Dinge bis jetzt nach Wunsch verlaufen; sie sagten nämlich, daß die Thebaner euch bereitwillig als Verbannte aufgenommen hätten und bereit sind, euch bei eurer Rückkehr mit jedem nur erdenklichen Eifer zu unterstützen. Einige hier aber waren sowohl wegen dieser Worte beunruhigt als auch deswegen, weil ausgerechnet die Nachrichten aus Sparta noch weniger verheißungsvoll waren; diejenigen, die mit den Gesandten von dort kamen, sagten nämlich, sie hätten die Spartaner in große Auseinandersetzungen verwickelt angetroffen, und die Ephoren hätten, als sie von der verworrenen Lage hier hörten, unwillig gesagt, die Spartaner hätten ihnen die Stadt nicht überlassen, um sie zugrunde zu richten - denn wollten sie dies, so hätten sie nach ihrem Sieg gewiß die Möglichkeit dazu gehabt, zumal die verbündeten Korinther und Thebaner damals darauf drangen -, sondern um sie in einer ihren Interessen dienlichen Art und Weise mit einer oligarchischen Verfassung zu regieren und das öffentliche Leben besser zu gestalten als zur Zeit der Demokratie.

(4) Sollten diese ihre Berichte zutreffen und die Dinge bei euch so liegen, wie sie sagen, dann besteht große Hoffnung, daß die Verhältnisse hier sich leicht wieder normalisieren werden, wenn ihr mit den Thebanern angekommen seid und die Spartaner jene nicht unterstützt haben. Gleichzeitig gibt es aber auch unter der einheimischen Bevölkerung viele, die sich im Augenblick zwar aus Furcht noch ruhig verhalten, das hiesige Re-

33 ὑμετέρων τι ἀλλαχόθεν παραφαίνεται βέβαιον, ἄσμενοι καταλείψουσι τὰ ἐνταῦθα. ὅλως γὰρ οὐδὲν ὑγιὲς τῆς πολιτείας αὐτοῖς καταλείπεται, ἀλλ' ὑπὸ
πολλῶν καὶ συνεχῶν ἀδικημάτων πάντα διέφθαρται· καὶ τὸ μὲν ἤδη παρ-
36 άπαν ὡς τὸ καθ' ὑμᾶς μέρος ἀπέρρηκται, τὸ δέ, εἰ μικρᾶς ἔξωθεν ἀφορμῆς
ἐπιλάβοιτο, ταὐτὸ πείσεται τῷ ὑμετέρῳ. ὥστε εἴπερ σοί ποτε ἄλλοτε καὶ νῦν
γέγονε δῆλον, ὅτι πάντων μέγιστον κακὸν ταῖς πόλεσίν ἐστιν ἡ τῶν ἀρχόντων
39 πονηρία.

(5) Οὗτοι γοῦν οὕτως ἐοίκασιν ἐξηπατῆσθαι περὶ τὸ συμφέρον, ὥστε οὐδὲ
διαφθειρόμενα ὁρῶντες τὰ πράγματα παύσασθαι ἐθέλειν· ἀλλ' οἷς ἐταράχθη
42 πρότερον, τοῖς αὐτοῖς οἴονται καταστήσειν αὐτὰ φυγὰς καὶ δημεύσεις οὐσιῶν
καὶ θανάτους ἀκρίτους ποιούμενοι. καὶ οὐχ ὁρῶσιν, ὅτι νοσημάτων πονηρὸς
ἂν εἴη ἰατρὸς ὁ τὴν αὐτὴν τῷ συνεστηκότι αἰτίῳ ποιούμενος θεραπείαν. ἀλλὰ
45 τὰ μὲν τούτων ἀνιάτως ἔχει· σὺ δὲ τῶν σαυτοῦ ἐπιμελούμενος ὀρθῶς ποιήσεις. μία γὰρ καὶ τοῖς ἐνθάδε ἐλπὶς ἦν, ἂν ὑμεῖς πράξητε κατὰ νοῦν, βαρείας
πάνυ καὶ χαλεπῆς ἀπηλλάχθαι δεσποτείας.

34 οὐδὲ V   **36** ὡς del. Her | ἀπεστέρρηκται V | τὰ δὲ V   **38** κακῶν G   **41**
ὁρῶντας V   **44** ἂν εἴη] ἀνία Or^c   **45** ἐπιμελόμενος VA, prob. Her   **46** ἦν A:
ἦν VG del. Br   **47** ἀπηλάχθαι V

gime aber gerne im Stich lassen werden, wenn sich andernorts zeigt, daß etwas von euch Bestand hat. Schlichtweg nichts im Staat ist ihnen nämlich geblieben, das noch unversehrt wäre; im Gegenteil, aufgrund von zahlreichen und fortwährenden Unrechtshandlungen ist alles zugrunde gerichtet. Der eine Teil der Bevölkerung hat sich deshalb bereits vollständig eurer Partei zugewandt, während der andere bei nur einem geringen Anstoß von außen die gleiche Einstellung haben wird wie eure Seite. So ist für Dich auch jetzt wieder erkennbar geworden, daß das allergrößte Übel für die Staaten die Schlechtigkeit ihrer Herrscher ist.

(5) Diese hier scheinen jedenfalls bei der Frage, was zuträglich ist, so verblendet zu sein, daß sie selbst dann noch von ihrem Tun nicht ablassen wollen, wenn sie sehen, daß ihre Unternehmungen scheitern; vielmehr glauben sie, mit denselben Maßnahmen, durch die die Verwirrung entstanden ist, die Verhältnisse wieder in Ordnung bringen zu können, nämlich durch Verbannungen, Konfiskationen und widerrechtliche Tötungen. Dabei sehen sie nicht, daß gegen Krankheiten der ein schlechter Arzt ist, der eine Behandlung durchführt, die identisch ist mit dem, was als Krankheitsursache vorliegt. Allein, die Sache dieser Männer ist nicht mehr zu retten; Du aber wirst das Richtige tun, wenn Du Dich um Deine Aufgaben kümmerst: denn auch die Menschen hier hoffen ja wie gesagt einzig darauf, daß sie, wenn euer Vorhaben nach Wunsch verlaufen ist, von einer ganz schweren und drückenden Gewaltherrschaft befreit sein werden.

5 Kommentar

Erster Brief

Der Makedonenkönig Archelaos (vgl. Imhof 9 mit neuester Literatur) gilt seit Allatius (135 = Orelli 132) als Adressat des Briefes. Zugrunde liegt die historisch nicht verbürgte Tradition von einer Einladung des Archelaos an Sokrates und ihre Ablehnung durch den Philosophen (vgl. Syk. Mon. 13; Döring Sok. 34 A. 69); Wiederholung der Einladung (Z. 3 τὸ δεύτερον) sowie Erhöhung des Angebots (Z. 4 πλέονα δώσειν; Z. 82 βασιλείας ... μέρος) dürften dagegen auf den Autor zurückgehen (Syk. Mon. 13f.; Imhof 11), sie geben ihm "jedenfalls die Disposition für seinen Brief" (Imhof 74). 'Sokrates' führt darin aus, daß er der an ihn ergangenen Einladung nicht Folge leisten kann, weil 1. Geld für ihn wertlos sei (§ 2-5), 2. das Vaterland ihn brauche (§ 5-6), 3. der Gott ihn nicht lasse (§ 7-10), und 4. er von den angebotenen Regierungsgeschäften nichts verstehe, also nicht nur Schaden anrichten, sondern auch selbst erleiden würde (§ 10-12; vgl. Pavlu 403. Ausführlich Syk. Mon. 13-26; Döring Sok. 116-120). Innerhalb der Kategorien antiker Briefsteller entspricht der Brief wohl am ehesten dem τύπος αἰτιολογικός (vgl. Ps. Demetr. form. epist. 16 Weichert; ähnlich Ps. Lib. char. epist. 38 Foerster = 34 Weichert).

3 δοκεῖς: Sperrende Zwischenstellung des Verbs wie sehr häufig bei unserem Autor (vgl. die Auflistung Obens 64f.), allein in der ersten Periode noch dreimal: Z. 3 συνιέναι, Z. 5 φαίνῃ ... εἶναι (Imhof 74).

4 πλέονα: Komparativformen von πολύς auf πλε- finden sich seit Homer zu häufig neben solchen auf πλει-, als daß die Überlieferung mit Hercher unbedingt geändert werden müßte. Vgl. Kühner-Blaß 1,571; Blaß-Debrunner § 30,2; Bauer-Aland s.v. πολύς II; Gößwein 91.

ὥσπερ τοὺς σοφιστάς: Ein trivialisiertes und in der Sokratikerliteratur bis ins 4. Jh. zurückreichendes Motiv (Imhof 74; Döring Sok. 173), das der Verfasser "obschon ... inhaltlich verflacht, dafür rhetorisch herausgeputzt" (Imhof 10) für die vorliegende Briefsituation eigenständig verwertet hat (a.a.O.; dort neuere Literatur zur Sophistik).

Die Abkürzungen der Autorennamen und Werktitel sind, soweit dort aufgeführt, dem 'Lexikon der Antiken Welt', Stuttgart und Zürich 1965, entnommen.

5 Σωκράτην: Neben -η bereits in der jungattischen κοινή seit etwa 400 v. Chr. gebräuchliche Akkusativform (Schwyzer 1,186.561.579; Kühner-Blaß 1,430.512ff.; Hatzidakis 189), die in der κοινή vorherrscht (Blaß-Debrunner § 46,1). Vgl. Demetr. eloc. 175 καὶ ὅλως τὸ νῦ δι' εὐφημίαν ἐφέλκονται οἱ 'Αττικοὶ Δημοσθένην λέγοντες καὶ Σωκράτην (Obens 74. Vgl. Schmid 2,19. 4,582; Gößwein 97). Abgelehnt von Thomas Magister (p. 171,14ff. Ritschl); ähnlich Phryn. ekl. 127 (134) Fischer.

παλιμπράτην: Das Wort ist sonst nicht belegt (Obens 43; Bock Cano 38); LSJ (s.v.) interpretieren es als Synonym zu παλιγκάπηλος (Aristoph. Pl. 1156; Dem. 25,46 π. πονηρίας). Vgl. Syk. Mon. 16; Imhof 74. - Nun scheint aber das Adj. παλίμπρητος (Kallim. fr. 203,55) bzw. παλίμπρατος in späterer Zeit eine typische Bezeichnung für nichtsnutzige Personen (Poll. 4,36) oder Dinge (Dion Chr. 31,37; Poll. 7,12) zu sein, die man am liebsten wieder loswerden möchte (Poll. 3,125). Möglicherweise soll deshalb παλιμπράτης an unserer Stelle die Sophisten bzw. "Bildungskrämer" (Imhof 74) zur Zeit des Verfassers (Syk. Mon. 15-16.18.25; Döring Sok. 117.120) über die traditionelle Polemik hinaus als einen Personenkreis diffamieren, der παιδεία lediglich als unnützen Trödelkram betrachtet und dafür keine andere Verwendung hat, als ihn nur möglichst schnell wieder gewinnbringend (Z. 6 ἐπὶ πλείοσι<ν>) an den Mann zu bringen.

τινά: Sicher nicht (so Obens 68) aus dem Bestreben nach attischer Eleganz heraus verwendet, sondern wie häufig zur Milderung eines gewagten Ausdrucks (παλιμπράτην). Vgl. LSJ s.v. τις A II 7; Bauer-Aland s.v. 2 b.

6 οὐχ ἁπλῶς: In Übereinstimmung mit der 'Verkaufsstrategie' eines παλιμπράτης (Z. 5) wohl im Sinne von 'nicht aufrichtig, nicht ohne Hintergedanken' wie Aristoph. Pl. 1158; Xen. mem. 4,2,16; Dem. 23,178; Jak 1,5; Epikt. 2,7,13.

αἱρούμενον: 'seine Wahl treffen, sich entscheiden' abs. wie Xen. mem. 4,2,29; Dio Cass. 38,3,3. Wohl kaum "terminologische Reminiszenz" (so Imhof 74 mit Verweis auf SVF IV Ind. s.v.).

πλείοσι<ν ἢ>: Wahrscheinlich bereits in einer Majuskelhandschrift als Dittographie verlesen. Die Vergleichspartikel ἤ könnte nur vor Zahlenangaben fehlen (Kühner-Gerth 2,311; Blaß-Debrunner § 185,4).

6f. διδομένοις ... διδομένων: 'bereit sein zu geben, anbieten' wie Eur. ep. 5,50 Gößwein διδόντος 'Αρχελάου. Vgl. Kühner-Gerth 1,140f.; LSJ s.v. I 1. Schaefer (bei Orelli 134: "διδόμενα oblata, δεδόμενα data") hatte also richtig vermutet (vgl. auch Syk. Mon. 15; Imhof 74).

7 ὑπερβολὰς ... τῶν διδομένων: Ähnlich Eur. Med. 232 χρημάτων ὑπερβολῇ; Dem. 19,332 ὑπερβολὴν. 20,141 ὑπερβολὰς τῶν δωρειῶν.

8 παραστήσεσθαι: Gut zum folgenden καταλιπόντα passend in der intransitiven Bedeutung 'nach anfänglichem Widerstand auf jds. Seite treten' wie bei Herodot (z.B. 6, 99,2 ἐς τῶν Περσέων τὴν γνώμην) und Demosthenes (22,15), jedoch stets in militärischem Kontext.

Ἀθήνησι: Wie ep. 4,5 (ähnlich ep. 3,2 Ἀθήναζε) "archaisierende Floskel" (Imhof 75). Vgl. Thom. Mag. p. 12,5 Ritschl Ἀθήνησιν, οὐκ ἐν Ἀθήναις; Blaß-Debrunner § 199; Schmid 4,585; Obens 74.

διατριβὴν: Wohl nicht mit Imhof (75) in der "einfachen, ursprünglichen Bedeutung 'Aufenthalt' gemeint", sondern besser (vgl. Pavlu 403 zu Z. 11 αὐτῇ) im Sinne von 'Beschäftigung, Tätigkeit, Tun' zu fassen und inhaltlich (wie Z. 12 τὰς διατριβὰς ... ποιούμεθα) auf Sokrates' philosophisches Gespräch (Z. 9 τοὺς ἐν φιλοσοφίᾳ ... λόγους) im Auftrag des Gottes (Z. 11 τοῦ θεοῦ κελεύσαντος) zu beziehen. Vgl. Plat. Theait. 172c ἐν φιλοσοφίᾳ καὶ τῇ τοιᾷδε διατριβῇ; Euthyphr. 2a τὰς ἐν Λυκείῳ καταλιπὼν διατριβὰς καὶ τοὺς λόγους.

8f. τὸν ... νομίζοντα: Partizip mit Artikel als Apposition beim Personalpronomen (Z. 7 με); vgl. Blaß-Debrunner § 412,5. Die eigenwillige Stellung paßt gut zum manierierten Stil des Verfassers. - Das ἐστι (v) beruht offensichtlich auf einer Verwechslung der entsprechenden Abkürzung (vgl. Lehmann 101f. und Taf. 10) mit dem noch von Allatius (in A) häufig verwendeten Zeichen für den Verweis auf eine Randglosse.

9 τοὺς ἐν φιλοσοφίᾳ ... λόγους: Hinter "der auffälligen Formulierung ... (in der Feder des Sokrates ἀγράμματος) steht wohl - neben der epistolographischen und rhetorischen - die literarische Tradition des Σωκρατικὸς λόγος" (Imhof 10 A. 7; vgl. auch a.O. 76).

πιπράσκειν: Das Verbum (im Aktiv frühestens seit Theophrast; Imhof 75f.) nimmt παλιμπράτην (Z. 5) wieder auf, so daß παιδεία und φιλοσοφία, "deren Verhältnis zueinander bei Plato und Isokrates doch recht komplex ist, ... etwas leichtfertig nebeneinandergestellt" erscheinen (a.O. 10 A. 7).

11 προσῆλθον: 'sich einer Sache zuwenden' wie häufig bei Rednern (z.B. Ps. Demad. 8 Blass = De Falco τοῖς κοινοῖς; vgl. Wankel 2,1127 zu Dem. 18,257) und in kaiserzeitlicher Literatur, z.B. Diod. 1,95,1 τοῖς νόμοις; Philon migr. Abr. 86 ἀρετῇ; Plut.

Cato min. 12,2 τῇ πολιτείᾳ. Sol. 14,1 τοῖς κοινοῖς; Epikt. 4,11,24 φιλοσοφίᾳ; Philostr. VA 3,18 φιλοσοφίᾳ. Vgl. LSJ s.v. I 6; Bauer-Aland s.v. 2b; Lampe s.v. 3.

αὐτῇ: Sc. τῇ φιλοσοφίᾳ (oder τῇ ᾿Αθήνησι διατριβῇ); vgl. Pavlu 403. Dessen Forderung, den folgenden Infinitiv φιλοσοφεῖν dann als "störendes Randglossem" (a.a.O.) zu streichen, ist allerdings nicht zwingend.

τοῦ θεοῦ κελεύσαντος φιλοσοφεῖν: Ähnlich Z. 50 πρὸς ἃ δὴ καὶ ἐμὲ ἔταξεν ὁ θεος. Der Gedanke (nach Plat. apol. 28e; Syk. Mon. 15) gehört zu den häufiger vorkommenden Sokratesthemen (Döring Sok. 118.173 mit Parallelen).

11f. παρ' οὐδενὸς οὐδὲν εἰληφώς: Paronomasie wie Z. 60 πολλοῖς δὲ πολλά; ep. 6,1,7 παρὰ πολλῶν πολλὰ λαμβάνειν. Inhaltlich eine emphatische Polemik "gegen die sophistischen Epideixeis" (Syk. Mon. 16) mit einem Argument, dem wir bei Zeitgenossen des Verfassers auch sonst vielfach begegnen (vgl. Döring Sok. 117.173).

12 εὑρεθήσομαι: Mit dem Nominativ des Partizips wie Soph. Trach. 411; Dem. 19, 332; Mt 1,18; Phil 3,9; Apg 20,15 (vgl. LSJ s.v. I 2; Blaß-Debrunner § 416,2).

τὰς διατριβὰς ... ποιούμεθα: Der Ausdruck ist mit Blick auf die spezielle Tätigkeit des Sokrates "ohne Parallelen, erst möglich, seit διατριβή aus dem Philosophiebetrieb seine terminologische Bedeutung bekommen hat" (Imhof 77; vgl. auch a.O. 75 zu τὴν ᾿Αθήνησι διατριβήν). - Die periphrastische Ausdrucksweise (ähnlich ep. 7,1,9.5,44) ist seit Homer (Od. 21,71) belegt (vgl. LSJ s.v. ποιέω A II 5; Bauer-Aland s.v. II 1; Schmid 5,189 s.v.). Wohl in den Bereich der Umgangssprache gehört der Wechsel in die 1. Person Plural ohne Bedeutungsunterschied wie z.B. im ntl. Hebräerbrief oder in der Diatribe (vgl. Blaß-Debrunner § 280,2. A. 1 mit Verweis auf Epiktet. Ähnlich vielleicht auch der pluralis modestiae in den Euripidesbriefen; vgl. Gößwein 88) und auch sonst noch gelegentlich bei unserem Autor (z.B. Z. 23 παρ' ἡμῶν ... ἡμᾶς ἀπορουμένους).

ἐν κοινῷ: "platonische Floskel e.g. Gorg. 490b" (Imhof 77).

13 ἐπίσης: Häufig bei Plutarch, z.B. mor. 1046d.1060d.1062e.1076b.1092a.1121d. Fab. 10,4 (vgl. auch Lukian. Merc. cond. 19; M. Aur. 2,11,5); ähnlich ἐπ(ὶ) ἴσης, z.B. Hdt. 1,74,2. 7,50,2; Soph. El. 1062 (ἐπ' ἴσας); Polyb. 10,16,9; Diod. 1,76, 3.77,10. - Das Wort galt als unattisch (vgl. Thom. Mag. p. 107,7 Ritschl).

<καὶ> ὁμοίως: Zusammen mit ἐπίσης wohl analog der "traditionellen Formel ἐφ' ἴση καὶ ὁμοίη" (Schwyzer 1,121. 2,175) wie ähnlich Plut. mor. 1046c ὁμοίως καὶ ἐπίσης); Lukian. dear. iud. ἐπίσης δέ εἰμι πᾶσα καὶ ὁμοίως καλή. Möglicherweise ist das

überlieferte ἐπίσης ὁμοίως allerdings mit Lobeck (Phrynichi eclogae, Hildesheim 1965, S. 754) sowie Castiglioni (Gnom. 219. Boll. 219. Dec. 181) korrekt und der Emphase wegen als Epanadiplosis aufzufassen (vgl. Kühner-Gerth 2,584f.; Blaß-Debrunner 484).

ἀκούειν: Finaler Infinitiv. Vgl. Kühner-Gerth 2,16f.; Blaß-Debrunner § 391,4.

τῷ ἔχοντι: So mit Bremi (bei Orelli 136) ohne schwerwiegenden Eingriff in die Überlieferung; vgl. Plat. apol. 33ab. - Die absolute Verwendung von ἔχω (ursprünglich dichterisch, vgl. Soph. Ai. 157; Eur. Alk. 57. Hik. 240; Aristoph. Pl. 596. equ. 1295) wie Xen. an. 7,3,28 (τοὺς μὲν ἔχοντας ... τοῖς δὲ μὴ ἔχουσι) und häufig im NT (vgl. Bauer-Aland s.v. I 2a).

καὶ μή: In Gegensätzen, die wie an unserer Stelle zu einer Einheit zusammengefaßt sind, braucht der Artikel nicht eigens wiederholt zu werden. Vgl. z.B. Plat. Euthyphr. 9c τὸ ὅσιον καὶ μή. 15e τά τε ὅσια καὶ μή (Kühner-Gerth 1,612; Schwyzer 2,24).

14 Πυθαγόρας: Polemik des Verfassers gegen die zeitgenössischen Fachphiloso- phen mit ihrem esoterischen Lehrbetrieb (Döring Sok. 117; Syk. Mon. 16) vor dem Hin- tergrund einer "intensiven Wiederbelebung, die der Pythagoreismus seit dem 1. Jhdt. v. Chr. erfuhr" (Döring Sok. 117). Zur Einordnung unserer Stelle in die Pythagorasüberlie- ferung vgl. Syk. Mon. 15f.; Imhof 12-13.76.

ἱστορεῖται: Soll (wie ep. 6,12,93) "wohl mündliche Überlieferung andeuten, ist aber hellenistische Floskel für die schriftliche" (Imhof 12 A. 15).

πλήθη: 'Massen' (auch ep. 6,3,22) wie Plat. Gorg. 452e. soph. 268b; Dem. 6,24; Diod. 1,64,5.85,2; Apg 5,14; App. civ. 2,120 (vgl. LSJ s.v. I 2b; Bauer-Aland s.v. 2bα).

παριὼν: Seit Platon (Alk. 1,106c) von öffentlich auftretenden Rednern (vgl. LSJ s.v. IV), z.B. Epikt. ench. 33,10 (εἰς τὰ θέατρα); speziell mit εἰς τὰ πλήθη nur noch Lukian. Prom. in verb. 2.

14f. τοὺς βουλομένους ἀκούειν: Vgl. Xen. mem. 1,1,10 τοῖς δὲ βουλομένοις ἐξ- ῆν ἀκούειν (Syk. Mon. 15 A. 2).

15 εἰσπράττω: 'einfordern' mit dopp. Akk. seit Isokrates, z.B. 5,146 τοσοῦτον πλῆθος χρημάτων ε. τοὺς συμμάχους (LSJ s.v.). Vgl. ep. 6,10,76 εἰσπράττομαι.

ὅπερ ἄλλοι κτλ.: In seinem Zeitbezug schillernder Relativsatz (Imhof 77), die zeit-
kritische Tendenz freilich ist evident (vgl. Obens 78; Syk. Mon. 15f.; Döring Sok. 117).

16 τὰ ... ἀρκοῦντα: Schlagwort und Floskel bei Xenophon, z.B. Kyr. 8,2,21 ἐπει-
δὰν τῶν ἀρκούντων περιττὰ κτήσωνται (Imhof 77f.). Zum Inhalt vgl. Döring Sok.
117 ("... der Leser weiß natürlich ..., wie wenig das ist ...") sowie a.O. 121 (zu ep. 6,2,
11ff.).

17 πρῶτον μὲν: Nicht (so Imhof 77) "zur affektiven oder affektierten Floskel" ge-
wordene Dispositionsformel ohne Gegenstück, sondern Einführung des ersten von drei
Argumenten unterschiedlicher Länge und Stilisierung: 1. πρῶτον μὲν ... οὐχ εὑρίσκω
κτλ. (Z. 17-25), 2. αὐτὸς δὲ ... οὐκ ἄγω σχολήν (Z. 26), 3. θαυμάζω δὲ καὶ τῶν λοιπῶν κτλ. (Z. 27-38). - Der ganze Abschnitt ist ein "Musterbeispiel für die Arbeitsweise
unseres Autors, für sein Umgehen mit der vulgärphilosophischen Überlieferung, für seine Wort- und Satzproduktion bei gedanklichem Stillstand" (Imhof 78).

17f. οἷς ... οὐδένα κτλ.: Die Konstruktion ist in Ordnung (Pavlu 403 gegen Syk.
Mon. 16). Vgl. Kühner-Gerth 1,55f.; Blaß-Debrunner § 296,1.

17 παρακαταθῶμαι: In der Bedeutung "einen Besitz anvertrauen" (wie Z. 19 παρακατατιθέμενος) seit Herodot (z.B. 3,59,1) zu häufig belegt (vgl. LSJ s.v. I), als daß
man mit Imhof (77) für unsere Stelle eine spezielle vulgärphilosophische Tradition annehmen dürfte. Inhaltlich (wie ähnlich ep. 6,8,64ff.) "ein beliebter τόπος der antiken Episto-
lographie" (Köhler 93).

18 δωσόντων: Futur statt Potentialis (auch Z. 19-26) dem hypothetischen Charakter
des Gedankens entsprechend. Vgl. Kühner-Gerth 1,172-173.235; Blaß-Debrunner §
385,1.

19 οὐδὲ: Emphatische Negation wie gelegentlich bei Herodot (vgl. Denniston 197-
198.583 mit strenger Unterscheidung zwischen Emphase und Steigerung) und häufig bei
Polybios (vgl. Mauersberger s.v. II 3). Ähnlich Z. 32.36 μηδ(ὲ).

20 ὀρθῶς ... φρονεῖν: 'bei Sinnen sein' wie Aischyl. Prom. 1000; And. 2,23.

21 οὐ: Verneint hier wie das folgende οὐδὲ "a whole μέν-δέ complex" (Denniston
371).

ὑπάρξουσιν: Wie Z. 25 und 62 sowie ep. 2,5 und ep. 6,4,33.5,42 "zur Kopula verblasst manieriert als Modewort des Hellenismus" (Imhof 78). Vgl. LSJ s.v. B I 4; Bauer-Aland s.v. 2; Blaß-Debrunner § 354,2.

χάριτος: Gemeint ist die Unterweisung durch Sokrates. Vgl. Xen. ap. 17. Ages. 4,4 (Syk. Mon. 17 A. 1).

22 ἀξιώσειαν: Optativbildung auf -ει- wie Z. 66 ἀπιστήσειας; ep. 6,5,37f. μεταπείσειε (Obens 76). Im Ionischen und Attischen herrschen diese sog. 'äolischen' Formen bis ins 4. Jh. vor (Schwyzer 1,796f.; Kühner-Blaß 2,73f.); sie werden von Späteren den Formen auf -αι- vorgezogen, die in hellenistischer Zeit überwiegen (Blaß-Debrunner § 85; Schmid 3,30-31. 4,26.588).

ἀποστερεῖν: 'die Aus- bzw. Rückzahlung verweigern' (ursprünglich dichterisch, vgl. Aischyl. Prom. 777; Aristoph. nub. 1305) wie Dem. 21,44; Aristot. rhet. 1383 b 21 (παρακαταθήκην); Ios. AJ 4,288; Jak 5,4; ähnlich Diod. 4,33,1 ἀποστέρησις τοῦ μισθοῦ (vgl. LSJ s.v. I 4; Bauer-Aland s.v.).

ἐδίδοσαν: Der Sinn des Satzes erfordert einen Irrealis; tatsächlich hatten Sokrates' Freunde ja gerade keinen Geldbetrag zu entrichten (vgl. Z. 23 προῖκα). Die Ergänzung von ἄν liegt nahe, ist jedoch nicht zwingend erforderlich (vgl. Kühner-Gerth 1,215f.).

23 περιόψονται ἡμᾶς ἀπορουμένους: Ähnlich ep. 6,11,84f. οὔκουν δύνανται ... κακῶς πράττοντα αὐτὸν παρεξιέναι ὥσπερ οὐδὲ ... ὑπερορᾶν οἷοί τέ ἐσμεν.

24 ἑνὶ: Mit κεφάλαιον wie ähnlich Gal. in Hipp. epid. 1,1 (CMG 5,10,1; p. 18,18 Wenkebach) εἰς ἓν πάλιν ἀναγαγὼν κεφάλαιον. - "Als hätte der Verfasser es nun selber gemerkt, dass er sich in seiner Antithesenmanier verhaspelt hat, ruft er sich ... zur Ordnung und fasst zusammen" (Imhof 78).

κεφαλαίῳ: Im bloßen Dativ wie Thuk. 1,36,3 βραχυτάτῳ δ' ἂν κεφαλαίῳ; Dem. 18,164 κεφαλαίῳ δὲ. Zahlreiche Belege dagegen für die Verbindung von κεφάλαιον mit den Präpositionen ἐν (deshalb wohl Thuk. 1,36,3 βρ. δ' ἐν κεφ. Thompson; vgl. Gomme 1,171) und ἐπὶ (vgl. LSJ s.v. κεφάλαιον II 2; Bauer-Aland s.v. 1).

ἰδίων: 'pers. Besitz, Eigentum' (LSJ s.v. I 3; Bauer-Aland s.v. 3) wie ep. 6,10,78. Trotz ἡμετέρων (Z. 25) wohl kaum mit Obens (62) statt ἑαυτῶν (häufig seit hellenistischer Zeit, vgl. LSJ s.v. I 6; Bauer-Aland s.v. 2; Blaß-Debrunner § 286,1c; Hatzidakis 293; Gignac 2,171).

προέσθαι: 'freiwillig zur Verfügung stellen' wie Thuk. 2,43,1 (ἔρανον); Lys. 21,

12 (οὐδὲν ... τῶν σφετέρων); Dem. 18,114 (ἀπὸ τῶν ἰδίων). 34,52 (τὰ ἑαυτῶν). Der
überlieferte Aorist läßt sich halten (vgl. Kühner-Gerth 1,166; Blaß-Debrunner § 333,3);
seine pointierte Verwendung paßt gut zur bewußten Stilisierung des ganzen Satzes. - Inhaltlich erinnert der Gedanke an die Verpflichtung im hippokratischen Eid (p. 8,5f. Müri), καὶ βίου κοινώσασθαι καὶ χρεῶν χρηίζοντι (sc. τῷ διδάξαντι) μετάδοσιν ποιήσασθαι; zum unmittelbar darauf folgenden Passus (καὶ γένος τὸ ἐξ αὐτοῦ ἀδελφοῖς
ἴσον ἐπικρινέειν ἄρρεσι) vgl. ep. 6,10,81f. κἂν τῶν οἰκείων τινὰ ἀπολελοιπὼς ᾖ,
τοῦδε ὡς υἱεῖς ἢ ἀδελφοὶ κήδονται.

25 προσαποστερεῖν: In der "gesuchten Form des Doppelkompositums" (Imhof 78)
wie Dem. 21,67. Zusammen mit ζητήσειν "eher unelegante Verbindung von zwei Infinitiven" (Imhof 78. Vgl. ep. 6,5,38 δεῖν προνοεῖσθαι; ähnlich ep. 4,3 διανενοῆσθαι
μᾶλλον ἐξωρμή<σε>σθαι); allerdings wird ein solches Zusammentreffen schon von
klassischen Autoren "keineswegs ängstlich vermieden" (Kühner-Gerth 2,33).

26 τηρεῖν: Vgl. z.B. Isokr. 1,22 (τὰς τῶν χρημάτων παρακαταθήκας).

27 δὲ καί: Vgl. Denniston 305 ("καί often approximating in the sense to αὖ"); das
überlieferte καί braucht also nicht mit Köhler gestrichen zu werden.

τῶν λοιπῶν: Welche Personengruppe mit οἱ λοιποί konkret gemeint sein soll, bleibt
unklar. Es wäre deshalb zu überlegen, ob nicht besser τὸ λοιπὸν ('schließlich, im übrigen'. Vgl. Bauer-Aland s.v. λοιπός 3b; Blaß-Debrunner § 160,2) zu schreiben ist. Der
seit klassischer Zeit umgangssprachliche Ausdruck hat im Hellenismus "eine auffallend
vielseitige und uneigentliche Anwendung gefunden" (A. Cavallin, (τὸ) λοιπόν. Eine be-
deutungsgeschichtliche Untersuchung. in: Eranos 39, 1941, 141). Er bezeichnet allgemein "das letzte Glied in einer Reihe" (a.O. 132); an unserer Stelle wäre dies der dritte
und letzte Gesichtspunkt in Sokrates' Stellungnahme εἰς περιουσίαν.

27f. παρασκευάζεσθαι ... αὐτῶν χάριν: Wer es ablehnt, von anderen abhängig zu
werden (Z. 31 ἐπὶ ... φίλῳ ... εἶναι, Z. 32 ἑτέροις ὄντα πρόσθεμα ... παρασιτοῦντα),
muß beizeiten Vorsorge treffen, um in einer eventuellen Notlage (Z. 23 ἡμᾶς ἀπορουμένους) alleine bestehen zu können.

28 ἀποδεχόμενοι: Mit pers. Akk. (αὐτούς) wohl in der Bedeutung 'jds. Grund-
sätze billigen, gutheißen' wie Xen. mem. 4,1,1; Epikur. ep. 3,124 Us.; Philod. lib. 18 b
2 Olivieri; Eur. ep. 1,4 Gößwein; Krat. ep. 32,2 Müseler. Ähnlich ep. 6,3,24f. ἀποδέχεσθαι αὐτοὺς οὐκ ἐθέλουσι.

28f. παιδείας ... χρηματισμοῦ: Das Motiv gehört "zu den trivialen Socratica, in der Antithetik und repetierenden Ausmünzung aber unserem Autor" (Imhof 79. Vgl. Döring Sok. 118).

29 κτήσεως: Wie im folgenden ἀπαιδευσίας, τῶν ἄλλων πάντων sowie ἑαυτῶν genitivi causae, die dem Satz "eine penetrant klassizistische Note" verleihen (Imhof 79 mit Verweis auf Kühner-Gerth 1,388; Schwyzer 2,133; Blaß-Debrunner § 176,1).

32 μηδ': Vgl. zu Z. 19 οὐδέ.

πρόσθεμα: Seltene und erst seit hellenistischer Zeit belegte (Imhof 80; vgl. LSJ s.v.) Variante zu bereits klassisch gut bezeugtem πρόσθημα (vgl. LSJ s.v.) mit für die κοινή typischer Kürzung des Stammauslauts vor -μα (Obens 46; Schwyzer 1,523; Blaß-Debrunner § 109,2); sie galt später als unattisch (vgl. Moiris p. 27 Koch ἀνάθημα ἀττικῶς, ἀνάθεμα ἑλληνικῶς). - Übertragen von einem Menschen wie ähnlich Dem. 3,31. 11,8 (jeweils ἐν ... προσθήκης μέρει).

33 παρασιτοῦντα ἀγαθῶν: Ein Gen. nach παρασιτέω scheint im Gegensatz zum Substantiv παράσιτος (Automedon Anth. Pal. 11,346,1 κενῆς παράσιτε τραπέζης) sonst zwar nicht belegt zu sein, läßt sich aber analog der Kasusrektion vergleichbarer Verben (z.B. στρατηγέω - στρατηγός εἰμι) rechtfertigen.

34f. μεταπεσούσης τῆς τύχης: Wie Isokr. 5,44 (ähnlich ep. 5,1,7f. μεταπεσούσης τῆς πολιτείας). Vgl. Eur. Alk. 913 μεταπίπτοντος δαίμονος; Polyb. 6,11,10 μεταπεσόντος δὲ τούτου (sc. τοῦ καιροῦ).

36 μηδὲ: Sowohl aus euphonischen Gründen (ὥστε μήτε ergäbe eine störende Kakophonie) als auch "im Sinne der Pointierung" (Imhof 80) läßt sich das überlieferte μηδέ halten. Es verstärkt allein das nachfolgende Partizip τιμωμένους und korrespondiert nicht mit τε (Z. 37. Vgl. Kühner-Gerth 2,242.293; Blaß-Debrunner § 443,3).

τιμῶνται: Mit ἐπί c. dat. zur Angabe des Grundes analog der Konstruktion bei verba affectus (vgl. Kühner-Gerth 1,502; Blaß-Debrunner § 235,2).

38 αὐτοί εἰσιν: Eine "sehr bewußte Pointe in der Identifikation von Betroffenen und Ursache - Subjekt/Objekt und Grund identisch mit der Person: syllogismusähnliches Sprachspiel ohne rechten Gedankengehalt" (Imhof 80). Ähnlich ep. 6,6,52 ἐν σφίσιν αὐτοῖς τὰς ἀπ' αὐτῶν ἔχουσιν ἐλπίδας.

πρῶτον μὲν οὖν κτλ.: Innerhalb einer "formal und sprachlich sehr bewussten Anordnung der Materialien ... greift der Verfasser ... nach der langen Digression über Freundschaft, Geld und Bildung zusammenfassend auf die Disposition ... zurück, damit den Abschluß der ersten ... und den Übergang zur zweiten Hälfte des Briefes deutlich bezeichnend" (Imhof 81).

Σωκράτην: Vgl. zu. Z. 5.

39 ἀργυρίου: Der Genitiv wie klass. zur Bezeichnung des Preises, um den etwas getan wird (z.B. Dem. 19,80 ὁτιοῦν ἄν ἀργυρίου ποιήσαντες). Vgl. Kühner-Gerth 1,378 ("bes. oft ... ἀργυρίου").

προῖκα: Noch bei Dion Chrysostomos (6,17) und der Umgangssprache nahestehenden Autoren wie Epiktet (ench. 12,2), danach attizistisch (z.B. Lukian. dial. mort. 2,2) und deshalb nicht notwendigerweis mit Imhof (81) "als sokratisch thematisiert in die Trivialüberlieferung und zu unserem Autor gekommen".

πρὸς τούτῳ: Wie Hdt. 1,31,2.41,3; häufiger im Plural (vgl. LSJ s.v. πρός B III).

41 χρεῖαι: 'Amt, Pflicht, Dienst' wie Aristot. pol. 1254 b 32 und häufig seit hellenistischer Zeit, z.B. Polyb. 4,87,9. 10,21,1; Diod. 5,11,3. 15,81,1; Apg 6,3 (vgl. LSJ s.v. II; Bauer-Aland s.v. 4). Anders ep. 6,12,96 τὰς τοῦ βίου χρείας.

χρείας ... ἐκτελεῖν: Ähnlich Ios. AJ 13,65 πολλὰς καὶ μεγάλας ὑμῖν χρείας τετελεκὼς.

42 ἐξετάζομαι: "present oneself, appear" (LSJ s.v. V 2) wie Z. 43. Vgl. Isokr. 4, 151 (πρὸς αὐτοῖς τοῖς βασιλείοις); Dem. 21,161 (πρὸς τὸν ἄρχοντα); auch in patristischer Literatur (vgl. Lampe s.v. 4).

43 ἐξετάζεσθαι: Der Infinitiv nach einem verbum putandi zum Ausdruck der Absicht oder Möglichkeit (vgl. Kühner-Gerth 2,6); es ist daher nicht zwingend erforderlich, mit Pavlu (404) δεῖν zu ergänzen. Wenig überzeugend auch dessen Vorschlag, ἐξεργάζεσθαι zu schreiben; die Wiederholung des Verbums (nach ἐξετάζομαι Z. 42) ist sicher beabsichtigt.

44 μείζονα ἢ ἐλάττω: An der Überlieferung ist festzuhalten; Herchers Konjektur (μείζω; ähnlich ἐλάττονα Hb) würde "das stilistisch variierende Spiel mit den Formen beseitigen" (Imhof 2). Ähnlich z.B. Xen. an. 1,7,3 ἀμείνονας καὶ κρείττους; Plat. rep. 297c τὰς μὲν ἐπὶ τὰ καλλίονα, τὰς δὲ ἐπὶ τὰ αἰσχίω. leg. 656e οὔτε τι καλλίονα οὔτε αἰσχίω. Vgl. zu Z. 72 πλείους.

44f. ἔχει τὴν αἰτίαν: Ursprünglich wohl dichterisch (vgl. Aischyl. Eum. 579; Soph. Ant. 1312), in Prosa seit Herodot (z.B. Hdt. 5,70,2). Vgl. Isokr. 8,138; Epikur. ep. 1,63 Us.; Polyb. 33,1,5; Plut. Galb. 3,4.

45 καθάπαξ: "ἀντὶ τοῦ παντελῶς" (Thom. Mag. p. 217,19 Ritschl; vgl. Ammon. adf. voc. diff. 84 Nickau) seit Demosthenes (18,197), z.B. Aristot. pol. 1259 b 36. Ath. pol. 35,2; Polyb. 1,2,6; Philod. po. 5,16,9 Jensen; Philon Abrah. 36; Dion Chr. 35,4; Plut. Luc. 45,4; Sext. Emp. adv. math. 8,145; Dio Cass. 38,8,2.

ἔπειτα: Nach πρῶτον μὲν (Z. 43) wie häufig ohne δέ. Vgl. Denniston 376f.; Blaß-Debrunner § 459,4; Bauer-Aland s.v. ἔπειτα 2b.

46 ἢ καὶ: 'und' wie häufig seit Homer (vgl. z.B. Denniston 306f.; Bauer-Aland s.v. ἢ 1aα).

47 ἐπιστησόντων: 'stutzig machen, zum Nachdenken bringen' wie Plut. mor. 17f. 660c. Tib. Gracch. 17,5 (vgl. LSJ s.v. A VI 2). Inhaltlich wohl nach Xen. mem. 1,6,15 (Syk. Mon. 18).

τοὺς ἐπὶ τὰ κτλ.: "... umständlich - unkorrekte Umschreibung für die Politiker" (Imhof 2) ohne Parallele; Ausgangspunkt mag eine Formulierung wie ἐπὶ τὰ πολιτικὰ ἰὼν (Plat. rep. 558b) gewesen sein.

οὐδὲ: Vgl. zu Z. 19.

48 ὑπὸ μεγέθους: Wohl aus Plat. apol. 30e, wo der Ausdruck gut zur Größe und Fülle des Pferdes paßt; an unserer Stelle jedoch "schlecht für Umfang und Gewicht der Staatsaufgaben, und dass man dabei einschläft, ist auch nicht eben natürlich" (Imhof 12).

ἐπικειμένων: In der Bedeutung 'als Pflicht oder Aufgabe obliegen' erst bei kaiserzeitlichen Autoren (z.B. Plut. mor. 786f) und im NT (Hebr 9,10. 1 Kor 9,16; vgl. Bauer-Aland s.v. c).

ἀποκοιμίζεσθαι: Sonst nur noch akt. trans. Alkiphr. 4,14,2 Schepers ἀποκοιμίσασα (κατακοιμίσασα Cobet).

49 μύωπος: Das aus Platon (apol. 30e) wohlbekannte Thema hier "in charakteristisch - unscharfer Verwendung" (Imhof 2; ausführlicher a.O. 11f.).

50 ἔταξεν: Mit πρός c. acc. wie Thuk. 3,86,2; Xen. mem. 2,4,6; Dein. 3,18.

ἀπεχθάνεσθαι: Daß der Verfasser dieses Moment des Verhaßtseins aus der Apologie übernommen und dabei nicht bemerkt haben soll, "daß es da anders begründet wird" (Syk. Mon. 18 A. 1), ist wenig wahrscheinlich. Im Hintergrund unserer Stelle dürfte vielmehr die spätere, z.B. bei Epiktet greifbare Vorstellung einer am sokratischen Vorbild orientierten ἐλεγκτικὴ χώρα des wahren Philosophen stehen (vgl. Döring Epik. 222ff.), dem sein Verhalten nur Unannehmlichkeiten einbringt; vgl. z.B. Epikt. 1,26,16 ... ἐν μὲν θεωρίᾳ ῥᾴδιον ἐξελέγξαι τὸν οὐκ εἰδότα, ἐν δὲ τοῖς κατὰ τὸν βίον οὔτε παρέχει ἑαυτόν τις ἐλέγχῳ τόν τ' ἐξελέγξαντα μισοῦμεν.

51 συμβαίνει ἀπ' αὐτοῦ: 'als Ergebnis aus etw. folgen' (vgl. LSJ s.v. III 3) wie ähnlich ep. 6,3,23 ὅθεν εἰκότως ... συμβαίνει.

52 βουλομένῳ: Sc. ἐμοί. Vgl. zu Z. 82 διδόναι (sc. μοι) καὶ παρακαλεῖς (sc. με). Ein Sokrates, der die Einladung des Archelaos so kompromißlos ausschlägt wie in unserem Brief, dürfte ernsthaft allerdings wohl kaum jemals die Absicht gehabt haben, tatsächlich an den makedonischen Hof zu kommen; vielleicht ist mit Howald deshalb besser βουλ<ευ>ομένῳ zu schreiben.

53 τὸ δεύτερον: Das Motiv einer zweimaligen Einladung ist wohl "Erfindung unseres Autors" (Imhof 11), möglicherweise nach Xen. ap. 4 (Syk. Mon. 14 A. 1).

πέμψαντος: Absolut ('senden, schreiben') wie in patristischer Literatur und häufig in Papyri, z.B. PGieß. 13,5 (2. Jh. n. Chr.); vgl. Bauer-Aland s.v. 3. Ausgangspunkt dürfte die absolute Verwendung von πέμπω an Stellen wie πέμπων ἐκέλευε (Xen. an. 2,3,1) bzw. πέμπει κελεύων (Thuk. 1,91,3) gewesen sein (LSJ s.v. I 4; Bauer-Aland s.v. 1).

ἀπηγόρευσεν: Gesuchte Variante zu ἀπεῖπε kurz zuvor. Die Aoristform (ähnlich Z. 81 προηγόρευσα) ist bereits im 4. Jh. belegt (z.B. Plat. Theait. 200d v.l.; Dem. 40,44. 55,4; Aristot. Ath. pol. 21, 5), findet sich jedoch häufiger erst bei späteren Autoren (LSJ s.v.; Kühner-Blaß 2,346. Vgl. Schmid 3,38; 4,33.600).

54 σοφόν: Mit εἰς wie Eur. Herakleid. 575 (εἰς τὸ πᾶν); Xen. oik. 20,5 (εἰς τὰ ἔργα); Röm 16,19 (εἰς τὸ ἀγαθόν).

55f. θεοῦ ... καλλίονες: Über Funktion und Herkunft des Pindarzitats (fr. 108 a Snell-Maehler) ausführlich Sykutris (Mon. 19) und zuletzt Imhof (3). Die Übersetzung nach O. Werner, Pindar - Siegesgesänge und Fragmente, München o.J., S. 433.

59 σχεδὸν γὰρ κτλ.: Ein "Übergangssatz, mit dem das genaue, wohl schon aus einer rhetorischen Vorlage übernommene Pindarzitat ... als ungefähr hierher passend charakterisiert werden soll" (Imhof 3).

αὐτῷ: Dativ "der zitierten Schriftquelle" (Schwyzer 2,151. Vgl. Kühner-Gerth 1, 422) wie Hdt. 8,20,2 Βάκιδι ὧδε ἔχει περὶ τούτων ὁ χρησμός.

ὑπόρχημα: Bereits Plat. Ion 534c zusammen mit anderen Gattungsnamen, "etwas häufiger dann in der Literaturtheorie seit dem 1. Jh. v. Chr." (Imhof 3 mit Verweisen).

60 πολλοῖς δὲ πολλά: Paronomasie mit unverkennbar poetisierender Tendenz (Imhof 3) wie Z. 11f. παρ' οὐδενὸς οὐδέν; ep. 6,1,7 παρὰ πολλῶν πολλά (vgl. Aischyl. Hik. 451; Eur. Med. 579; Plat. rep. 615a; Ael. VH 14,13). Die "affektierte Wortfolge" (Imhof a.O.) braucht nicht verändert zu werden: "Wort, Klang und Rhythmus gehen der sprachlichen und gedanklichen Klarheit vor" (a.a.O.). Vgl. auch Cast. Gnom. 219.

πολλά ... καὶ ὅτι: "Koordination syntaktisch heterogener Satzteile" (Schmid 4,632) wie ep. 6,1,8 δωρεὰς ... καὶ ὅσα; 7,3,20 τοῖς λόγοις τούτοις καὶ ὅτι. Vgl. Plat. Theait. 186b (οὐσίαν καὶ ὅτι); Aristot. poet. 1454 a 14 (περὶ ... συστάσεως καὶ ποίους); häufig bei kaiserzeitlichen Autoren (vgl. Schmid 1,185.426; 2,306; 3,336f.; 4,115.524). - Zur Bedeutung von καί ("and specially"; LSJ s.v. A I 2) vgl. Kühner-Gerth 2,250; Denniston 291.

61 τὰ μὲν κτλ.: Mit Sykutris (Mon. 19) wohl auf Xenophon zurückzuführen.

λώϊον: Statt des häufigeren λῷον gelegentlich auch noch bei späteren Autoren, z.B. Didym. in Dem. comm. 13,55f. Pearson/Stephens; Plut. Lys. 26,5; Lukian. Phal. 2,8 (vett.). Herchers Änderung ist also nicht zwingend.

ἐκβαίνει: 'ausgehen, zu Ende kommen' (vgl. LSJ s.v. II 1) wie Hdt. 7,209,2.221; Thuk. 7,14,4; Diod. 13,12,1 ἐπὶ τὸ χεῖρον ἐκβάντων.

62 ὑπάρξει: Das Futur ist "als Variation zum Präsens, dazu als Vorklang zu πράξασιν" (Imhof 3) dem schlechter überlieferten Präsens vorzuziehen.

63 τὰς φρονιμωτάτας: "... von den Menschen auf die Städte übertragen, vielleicht nach der alten Tradition der Personifizierung von Städten oder Gesetzen" (Imhof 4); vgl. Isokr. 8,126 (τὴν πόλιν χεῖρον ... φρονοῦσαν). Ähnlich Z. 69 τῆς πόλεως ἐξεληλυθυίας.

τῷ ἐν Δελφοῖς θεῷ: Vgl. Plat. apol. 20e. Auch an unserer Stelle verbirgt sich hinter diesem Begriff noch "eine gewisse seelenführende Konzeption" (Imhof 4), in erster Linie jedoch "trivial-xenophontische politische Moral" (a.a.O.).

64 ὅσα ... πρὸς ὠφελείας αὐταῖς γινόμενα: Bremis Konjektur ist zu übernehmen; vgl. Polyb. 18,9,1 τὰ κατὰ μέρος μάταια γίνεται καὶ πρὸς οὐδέν. In der überlieferten Fassung (ὅσαι ... γινομένας) läßt sich der Ausdruck dagegen nicht befriedigend interpretieren (Bremi bei Or. 143: "Quis enim umquam dixit γίνομαι ἐμαυτῷ πρὸς ὠφέλειαν?"). Analog im folgenden ὅσα δὲ ... βλαπτόμενα.

64f. ὅσα ... ἀπειθήσωσιν: Ähnlich Plat. rep. 538b ἀπειθεῖν τὰ μεγάλα.

65 βλαπτόμενα: 'beeinträchtigt, behindert werden' wie häufig bei Homer, z.B. Il. 15,484.489 βλαφθέντα βέλεμνα (vgl. LSJ s.v. I 1); ähnlich Polyb. 6,33,11 τηροῦσι ... τοὺς ἵππους, ἵνα μήτ' ἐμπλεκόμενοι τοῖς δέμασι βλάπτωνται πρὸς χρείαν. 10,45,7 τοῦτο δ' οὐ βλάπτει πρὸς τὴν χρείαν.

66 δαιμονίου: Zur Interpretation dieses zentralen Begriffs durch den Autor vgl. Orelli 141f. (mit dem von Souilhé, REG 48, 1935, 354 vermißten Hinweis auf den pseudo-platonischen Theages); Obens 14f.; Köhler 93; Syk. Mon. 20ff.; Döring Sok. 119. 173; Imhof 11.

ἀπιστήσειας: 'Äolischer' Optativ; vgl. zu Z. 22 ἀξιώσειαν.

πρός με ... διετέθησαν: Wie Plat. Theait. 151c und öfter bei Isokrates (z.B. 8,14; 12,250).

68 πλεῖστοι: Gemeint sind nicht etwa die Mitstreiter des Sokrates vor Delion (dort haben sich ja nur ὀλίγοι ... τινες überzeugen lassen; vgl. Z. 74), sondern die Bürger in Athen, nachdem sie von den im folgenden erzählten Ereignissen gehört haben; der überlieferte Text (ἐπίστευσαν) ist deshalb korrekt (vgl. Syk. Mon. 21; Imhof 4f.).

ἐν ... μάχῃ: Umschreibung mit ἐν anstelle des bloßen Instrumentalis (vgl. LSJ s.v. ἐν III; Kühner-Gerth 1,464ff.; Blaß-Debrunner § 195; Schmid 4,449) wie häufig im NT, z.B. Joh 16,30 ἐν τούτῳ πιστεύομεν (vgl. Bauer-Aland s.v. ἐν III 3; Blaß-Debrunner § 219,2).

ἐπὶ Δηλίῳ: ἐπί anstelle des bei Schlachten üblichen ἐν, "weil Delion nur ein Tempel war" (Kühner-Gerth 1,499f.). - Über die Verarbeitung des bekannten Motivs durch den Autor ausführlich Syk. Mon. 20ff. sowie Imhof 11; als Quelle kommt mit Obens (16) und Pavlu (PhW 403) möglicherweise Antipatros von Tarsos (Cic. div. 1,123) in Betracht.

68f. παρῆν ... στρατείᾳ: Das Verbum (eher nichtssagend und aus συνεμαχόμην zur Verdoppelung abgespalten; Imhof 4) ist "in epischer Manier" (a.a.O.) vorangestellt; auch die Verbindung mit dem bloßen Dativ der Sache ("in etwas preziöser Konstruktion"; a.a. O.) entspricht epischem Sprachgebrauch (vgl. z.B. Hom. Od. 4,497 μάχη ... παρῆσθα).

69 πανδημεῖ ... ἐξεληλυθυίας: Ähnlich z.B. Lys. 2,49 ἐξελθόντες πανδημεῖ; Plut. Kleom. 14,4 ἐξελθόντων δὲ πανδημεῖ τῶν Ἀχαιῶν.

70 ἅμα ... καὶ: Bei- statt Unterordnung (vgl. Kühner-Gerth 2,231) entsprechend der lebhaften Schilderung an unserer Stelle.

ὑπαπῆμεν: Die überlieferte Imperfektform (-ῄειμεν) ist wohl erst auf zwei Papyri aus dem 6. Jh. n. Chr. sicher belegt, im früheren Griechisch dagegen (wie -ῄειτε) umstritten (Gignac 2,408). Vgl. Kühner-Blaß 2,216f.; Schwyzer 1,674; Veitch 230 s.v. εἶμι. Wie Aischin. 2,97 ἐξῇμεν (-ῄειμεν codd.). 2,108 παρῇμεν (-ῄειμεν codd.) ist auch an unserer Stelle deshalb besser ὑπαπῆμεν zu schreiben.

ἐπὶ διαβάσεως ... ἐγινόμεθα: "fummo a un incrocio" (De Felice). ἐπί also nicht mit den übrigen Übersetzungen zur Angabe der Richtung, sondern um das Verweilen an einem Ort auszudrücken (vgl. Kühner-Gerth 1,495f.); damit entfällt jeder Grund, das überlieferte Imperfekt zu ändern. Die Übersetzung von διάβασις ('Furt') allerdings besser nach Max. Tyr. 8,6 Trapp = Koniaris ποταμὸν διαβαίνοντα (anders Cic. div. 1,123 ut ventum est in trivium; Plut. gen. Socr. 11 p. 475,12 Pohlenz-Sieveking †ἐπὶ Ῥηγίστης καταβὰς); vgl. Syk. Mon. 23.

70f. τὸ εἰωθὸς σημεῖον: Platonische Ausdrucksweise; vgl. bes. Phaidr. 242b (Köhler 92; Syk. Mon. 24; Bock Cano 33).

71 ἐνέστην: 'entgegentreten, sich widersetzen' wie Thuk. 8,69,2; Plat. Phaid.77b (vgl. LSJ s.v. B IV).

72 δαιμόνιον ... φωνή: Der überlieferte Text ist wohl korrekt. Möglicherweise handelt es sich um eine Art 'Stellungnahme' des Autors zu der in späterer Zeit diskutierten Frage, in welcher Form sich das δαιμόνιον des Sokrates bemerkbar gemacht habe; vgl. Plut. gen. Socr. 9-12.20.24 (p. 471 sqq. Pohlenz-Sieveking); vielleicht ist auch Plat. apol. 31d δαιμόνιον γίγνεται [φωνή secl. Forster] entsprechend entstanden.

πλείους: Das Nebeneinander von ein- und zweisilbigen Komparativendungen (vgl. Z. 4 πλέονα; Z. 44 μείζονα ἢ ἐλάττω; ähnlich Eur. ep. 3,18. 5,46 πλείονα neben 3,19. 4,9 ἐλάττω oder 5,8 μείζους) schon klassisch (vgl. Kühner-Blaß 1,426f.). In der κοινή überwiegen dann die zweisilbigen Ausgänge (vgl. Blaß-Debrunner § 47,2), während der Attizismus die kürzeren Formen bevorzugt (Moiris p. 34 Koch ἀμείνω ᾿Αττικοί, ἀμείνονα ῞Ελληνες; vgl. Schmid 3,24. 5,581).

πρὸς ὀργὴν: Adverbiell wie Soph. El. 369; Aristoph. ran. 844; Thuk. 2,65,8; Ios. BJ 2,534 (vgl. LSJ s.v. ὀργή II 2. s.v. πρός C III 7; Bauer-Aland s.v. πρός III 6).

73 [καὶ] ὡσπερεί: Die Verschreibung ist wohl als 'Dittographie', entstanden aus einer Verwechslung von καί und ὡς (ähnlich Z. 75 καὶ οἴκαδε: οἴκαδε ὡς), zu erklären.

οὐκ ἐν ἐπιτηδείῳ καιρῷ: Die Stellung der Negation wie bereits im klassischen Griechisch und gelegentlich im NT (vgl. Kühner-Gerth 2,180; Blaß-Debrunner § 433,3); Herchers Konjektur (ἐν οὐκ) ist also (Cast. Gnom. 218) nicht zwingend. - Die Verbindung ἐπιτήδειος καιρός wie Apg 24,25 v.l.; Dio Cass. 46,27,2.

74 συναπετράποντο: Das Kompositum ist - allerdings in anderer Bedeutung - nur noch (Zaleuk. ap.) Stob. 4,2,19 (τὴν ἀδικίαν ... συναποτρέπειν) belegt (LSJ s.v.). Unserer Stelle am nächsten steht wohl Xen. Hell. 3,4,12 (τἀναντία ἀποστρέψας); dafür häufiger τρέπεσθαι (vgl. LSJ s.v. τρέπω I 2).

78 ἐκκλίναντας: Absolut wie Xen. Kyr. 1,4,23; Plut. Alex. 33,4; App. civ. 5,66. Auch in nicht-militärischem Kontext, z.B. Röm 3,12 (Ps 14,3. 53,3); M. Aur. 8,50,1.

περικαταλήπτους: Zuerst bei Philippides fr. 24 (PCG VII 346), aus dem 'Phileuripides'. Vgl. 2 Makk 14,41; Philod. mort. 39 Bassi; Diod. 4,76,6. 15,40,3. 17,63,4. 20,5,4; Plut. mor. 1149c.1150b.1152d.

79 τραυματίας: Ursprünglich ein dichterisches Wort (vgl. Pind. fr. 223 Snell-Maehler); in Prosa seit Herodot (3,79,1), z.B. Hippokr. affect. 38,1; Thuk. 7,75,3. 8,27,4; Diod. 13,18,4. 17,61,3; Philon mut. nom. 203; Dion Chr. 11,117; Plut. Marc. 26,7; Ruf. quaest. medic. 54.59; Lukian. Nigr. 37; Dio Cass. 8,4,1.

80 μόνην τὴν ἀσπίδα σῴζων: Rhetorische Schlußpointe, die wohl dem Autor zuzuschreiben ist (Imhof 5).

81 ἰδίᾳ προηγόρευσα κτλ.: Vgl. Xen. mem. 1,1,4 πολλοῖς ... προηγόρευσε ... τοῦ δαιμονίου προσημαίνοντος. Vgl. zu Z. 53 ἀπηγόρευσεν.

ἀποβησομένων: "probable results" (LSJ s.v. II 1). Vgl. Thuk. 3,38,7; Polyb. 3,108, 1; 5,33,4; Diod. 20,9,1.60,2; Sext. Emp. adv. math. 5,103.

82 βασιλείας ... μέρος: Das Motiv ist "auch sonst in der epistolographischen Literatur anzutreffen" (Imhof 6), z.B. Eur. ep. 5,1,11 Gößwein πρός τε τοῖς ἔργοις οὐδὲν κωλυόμεθα τοῖς τούτων (sc. Kleiton und Archelaos) γίγνεσθαι.

διδόναι καὶ παρακαλεῖς: "Wie zu διδόναι das μοι, so ist zu παρακαλεῖς das με erspart" (Imhof 6). Vgl. Z. 52 βουλομένῳ (sc. μοι); ep. 6,7,58 τεθνεῶτα (sc. με); ep. 7,1,3 ἀπόντος (sc. σου). 3,19 κατιοῦσι (sc. ὑμῖν).

83 βαδίζειν: Synonym für πορεύεσθαι wie Aristot. rhet. 1405 a 1 (vgl. Wankel 1, 129f. zu Dem. 18,4.44).

ἀρξόμενον ... ἄρξοντα: Die Gegenüberstellung "ist seit Aristoteles trivial" (Imhof 6; dort auch Belege für den Gebrauch von ἀρξόμενος als Futur Passiv).

84 μὴ εἰδὼς κτλ.: Xenophontisch (vgl. Syk. Mon. 24 A. 2) und nicht mit Pavlu (PhW 403) nach dem Muster von Plat. Alk. 1,135a.

δεξαίμην: Mit Inf. wie Thuk. 1,143,2; And. 1,5; Lys. 10,21; Xen. Hell. 5,1,14 δεξαίμην ἂν αὐτὸς μᾶλλον δύο ἡμέρας ἄσιτος ἢ ὑμᾶς μίαν γενέσθαι; Plat. apol. 41a. Phil. 63b.

87f. τόλμα ἐπιχειροῦσα ... προάγει: Vgl. Diod. 18,25,1 ἡ γὰρ τόλμα ... προσλαβοῦσα ... ἠμύνετο. - Zum Inhalt vgl. Plat. ep. 7,336b ... καὶ τὸ μέγιστον τόλμαις ἀμαθίας, ἐξ ἧς πάντα κακὰ πᾶσιν ἐρρίζωται.

87 αὐτὰ: Gemeint sind die unmittelbar zuvor angesprochenen Betätigungen, an die sich Menschen heranmachen, ohne etwas davon zu verstehen. Anders Sykutris (Mon. 24), der ganz allgemein an τὰ τοῦ βίου denkt.

88 τὴν τύχην: Vgl. den Xen. mem. 1,4,4 vorausgesetzten Gegensatz zwischen τύχη und γνώμη (Syk. Mon. 24).

90 καὶ μέντοι: In der Komödie sowie bei Platon und Xenophon häufig anzureffende, sonst eher seltene Verstärkung ohne adversativen Sinn (Denniston 413ff.). - Zum kynischen Umfeld des jetzt einsetzenden Loblieds auf den ἀπράγμων ἰδιώτου βίος vgl. Syk. Mon. 25-26.

περιβλέπεσθαι: 'bestaunt werden', vgl. Eur. Phoin. 551; Anth. Gr. 7,100 (Platon); Dion Chr. 72,7; Ael. NA 6,1; Philostr. Her. 40,4 de Lannoy.

92 ἐλυσιτέλει: 'mehr nützen' (vgl. LSJ s.v. I 2) wie And. 1,125; Xen. Kyr. 2,4,12 v.l.; Lk 17,2.

πεζῷ εἶναι: "... der Parallelenmanierismus des Autors läßt uns wegen des folgenden ἦν an der Überlieferung festhalten" (Imhof 7 gegen Syk. Mon. 25).

κἄν: "frqu. in the phrase κ. εἰ" (LSJ s.v. κἄν I). Ähnlich ep. 6,2,12.

93 βασιλείας καὶ ἰδιωτείας: Vergleichbare Gegenüberstellungen schon bei Platon (z.B. rep. 618d; leg. 696a) und Xenophon (Hier. 8,1), später "dann Gemeingut hellenistischer Tradition" (Imhof 7).

94 ὑπ' ἐπιθυμίας ... ἐξαρθείς: Ähnlich Plat. leg. 716a (ἐξαρθεὶς ὑπὸ μεγαλαυχίας).

94f. ἐπιφανεστέρων ... συμφορῶν: Ähnlich Demokr. VS 68 B 218 ἐπιφανέστερον τὸ ὄνειδος; And. 1,53 φανερὸς <ὁ> ὄλεθρος; Plat. Men. 91c φανερά ἐστι λήβη τε καὶ διαφθορά.

96 Βελλεροφόντην: Zur Frage nach möglichen Vorlagen sowie zur Verfahrensweise des Autors bei der Einarbeitung dieses Mythos in den Schlußteil des Briefes vgl. Obens 157; Syk. Mon. 25; Imhof 7-8.13-14.

98 μειζόνων ἢ καθ' ἑαυτόν: Parallelen zu dieser kynisch-philosophierenden Deutung (Imhof 7f.) bei Sykutris (Mon. 25 A. 2).

99 καταπεσὼν ... ἀπὸ τῆς ἐλπίδος: Besonders eindrucksvolles Beispiel der für den ganzen Absatz charakteristischen "Vermischung von Bild und Deutung" (Imhof 8; vgl. auch a.O. 13). Der metaphorische Gebrauch von καταπίπτω schon bei Homer (Il. 15, 280), vgl. Plat. Phaid. 88d. Men. 84c; Ios. AJ 2,336. 12,279; Philostr. VA 6,27; Dio Cass. 63,9,4. 71,36,4; auch in patristischer Literatur (vgl. Lampe s.v. 1).

αἰσχρῶς καὶ ἐπονειδίστως: "... silbenreiches wohlklingendes Hendiadyoin" (Imhof 8) zur formalen Vorbereitung der beiden Partizipien ἐπεξεληλυθὼς und ἀπολωλεκὼς, auf die es chiastisch bezogen ist (a.a.O.).

100 ἐφυβρίζοντας ... ἐπεξεληλυθώς: Beide Verben ursprünglich dichterisch; vgl.

Hom. Il. 9,368 bzw. Soph. Ant. 752. Offensichtlich "greift die poetisierende Diktion vom Mythologem auf die ganze Stelle über" (Imhof 8).

ἐρημίαν: Gedacht ist wohl an das πεδίον τὸ 'Αλήιον (Hom. Il. 6,200ff.).

101 τὰς βάσεις ἀπολωλεκώς: Wiederum ein poetisierender Ausdruck (vgl. Soph. Phil. 691 οὐκ ἔχων βάσιν), der sich nicht (so Imhof 8, als eine Wortbedeutung von zwei möglichen) auf den Verlust von Steigbügeln bezieht (solche waren in der Antike unbekannt; vgl. RE III A 2, 1972, 236ff.), sondern auf die Lähmung des Bellerophontes nach dessen Sturz anspielt, von der in einer nicht erhaltenen Partie des euripideischen 'Bellerophontes' die Rede gewesen sein muß (vgl. Schol. Aristoph. Pax 147). In seiner allegorischen Ausdeutung des Mythos versteht der Autor den Begriff 'βάσις' im Sinne von 'Voraussetzung, Grundlage' (Imhof 8; vgl. Z. 102 ἐφ' ἧς ὀρθοῦται ὁ ἑκάστου βίος); in dieser übertragenen Bedeutung ist das Wort erst bei hellenistischen und kaiserzeitlichen Autoren belegt, z.B. 'Tim. Lokr.' 97e; Plut. mor. 158d; Plot. 6,5,9.6,9.8,15.

παρρησίαν: "... ursprünglich ein Schlagwort aus der politischen Diskussion in der Athener Demokratie des 5. Jahrhunderts ..., dann in der philosophischen ... und populärphilosophischen Diskussion besonders epikureischer und kynischer Färbung ..." (Imhof 13f. A. 21). Sykutris (Mon. 25) vermutet hinter dem Begriff an unserer Stelle wohl zu Recht eine deutliche Widerspiegelung der Zeitverhältnisse im 1. Jh. n. Chr. (vgl. auch Döring Sok. 35.120).

102 ἐφ' ἧς: ἐπί c. gen. metaphorisch "von der Basis, auf der etw. ruht" (Bauer-Aland s.v. 1bβ). Vgl. Kühner-Gerth 1,497f.; Blaß-Debrunner § 234,4.

ὀρθοῦται: In übertragener Bedeutung wie häufig bei Dichtern, z.B. Soph. OT 39 ὀρθῶσαι βίον (vgl. LSJ s.v. II).

104 ἀμείνω δοκῶν: Die von Stanley vorgeschlagene Ergänzung eines Infinitivs ist nicht zwingend erforderlich. Vgl. LSJ s.v. δοκέω I 1 ("rarely with inf. omitted") mit Verweis auf Soph. El. 61 und Xen. an. 5,7,26.

105 ἐπιτρόπῳ: Mit θεός wie Pind. Ol. 1,106; Plat. Alk. 1,124c (nach Syk. Mon. 24 Vorbild unserer Stelle).

Zweiter Brief

Kurzes Empfehlungsbillet (συστατική oder παραθετική. Vgl. Ps. Lib. char. epist. 8 Foerster = 4 Weichert; Ps. Demetr. form. epist. 2 Weichert) für Chairephon, der als Gesandter Athens auf die Peloponnes kommen wird. Gerichtet ist es an einen Freund des Sokrates, "der im Peloponnes zu Hause ist oder wenigstens dort Einfluß hat" (Syk. Mon. 26). Schon Laskaris und Musuros haben deshalb auf Xenophon als Adressaten geschlossen, dessen peloponnesischer Aufenthalt allerdings erst um das Jahr 392 beginnt - ein grober Anachronismus (Chairephon war 399 bereits tot), vor dem der Verfasser, wie das Beispiel des 5. Briefes zeigt, freilich auch sonst nicht zurückzuschrecken scheint (Syk. a.O.). - Ähnlich kraß Chion ep. 3 (vgl. Düring 14).

2 Χαιρεφῶν: Gesuchte Anfangsstellung des Eigennamens wie ep. 3 und 4 (ähnlich Σὲ ep. 5 und 7); sie berechtigt freilich nicht dazu, diese Briefe mit Obens (17) einem eigenen Verfasser zuzuweisen.

ὃν τρόπον: Einleitung "einer sogenannten abhängigen Frage" (Kühner-Gerth 2,438; vgl. auch Schwyzer 2,643f.) wie Plat. rep. 466e; Xen. an. 6,3,1 codd. det.; Diod. 3,21, 1; Dion. Hal. 3,8,3; Ios. AJ 3,50. Ähnlich ep. 6,3,19 (vgl. Komm. z. St.).

σπουδάζεται: 'geschätzt, geachtet werden' wie Aristot. rhet. 1380 a 26; Strab. 17,3, 15; Plut. Them. 5,3. Kim. 4,9; Eur. ep. 4,46 Gößwein; Gal. in Hipp. epid. II 4 (CMG V 10, 2,1; p. 79,2 Wenkebach). plac.III 2,18 (CMG V 4,1,2; p. 182,25 de Lacy); Diog. Laert. 5,75.

2f. ἠρημένος ... πρεσβευτὴς: "Die Situation ist völlig fingiert" (Syk. Mon. 27). Vielleicht hat der Verfasser aus der Flucht des Chairephon (Plat. apol. 21a) auf eine politische Betätigung des Sokratesfreundes während der Demokratie geschlossen und ihn so zum Gesandten in unserem Brief gemacht (Syk. a. O.).

4 τὰ μὲν οὖν κτλ.: Gnomisch anmutender Gedanke als Kern des Briefes (Köhler 95).

εὐπόριστα: Sc. wegen der Bedürfnislosigkeit eines (kynischen) ἀνὴρ φιλόσοφος. Das Wort zuerst bei Epikur (z.B. ep. 3,130.133 Us.), häufiger dann seit Philodem (de dis 1, 15,33 Diels), z.B. Cic. Att. 7,1,7; Philon som. 1,124. praem. 99; Plut. mor. 157f. 204b. Auch als Titel pharmazeutischer Werke (vgl. LSJ s.v. I).

ἀνδρὶ φιλοσόφῳ: Wie Herakleit. VS 22B35; Plat. Phaid. 64d. Vgl. Z. 6 ἄνδρα φίλον.

ἐπισφαλῆ: Mit πορεία wie ähnlich Apg 27,9 ὄντος ἤδη ἐπισφαλοῦς τοῦ πλόος.

5 αὐτόθι: Sc. "ἐφ' οὗ εὑρίσκεται ὁ πρὸς ὃν τοὺς λόγους ποιεῖται [ὁ] γράφων"
(Thom. Mag. 133,17f. Ritschl).

ταραχὰς: Ob der Verfasser an konkrete Unruhen gedacht hat (Korinthischer Krieg?),
muß wegen der Anachronismen sowie der völlig fingierten Situation offen bleiben.

ὑπαρχούσας: Trennung des Partizips von seiner Ergänzung (αὐτόθι νῦν) wie ähnlich Mk 5,30 τὴν ἐξ αὐτοῦ δύναμιν ἐξελθοῦσαν; Apg 13,32 τὴν πρὸς τοὺς πατέρας
ἐπαγγελίαν γενομένην (Blaß-Debrunner § 474,5b; Schmid 3,63. 4,67). Vgl. zu ep.
1,3,21 ὑπάρξουσιν.

5f. ὧν ἐπιμεληθεὶς κτλ.: Ähnlich ep. 3,4f. τούτῳ συλλαβόμενος αὐτόν τε ἄξιον
ὄντα ποιήσεις εὖ καὶ τὰς πόλεις ἀμφοτέρας ὠφελήσεις (Syk. Mon. 111).

6 σώσεις: 'vor Unheil und Gefahren bewahren' wie Xen. an. 3,2,10; Chion ep. 11f.
p. 62,13.21 Düring; Musonios p. 32,10 Hense (Bauer-Aland s.v. 1).

Dritter Brief

Wie ep. 2 eine συστατική (Ps. Lib. char. epist. 8 Foerster = 4 Weichert; Ps. Demetr.
form. epist. 2 Weichert). 'Sokrates' richtet darin von Potidaia aus an Chairephon die
Bitte, sich für einen gewissen Mneson zu verwenden.

2 Μνήσων: Auch in der Form Μνάσων mehrfach belegter Eigenname, z.B. IG 1[2],
751.759. 4[2],46. 9[2],24; Is. 5,7ff.; Aristot. pol. 1304 a 11. Das sonst nirgends überlieferte Ἀνήσων der Handschriften geht dagegen sicher auf einen frühen Maiuskelfehler
zurück (Syk. PhW 1291). An unserer Stelle ist Mneson aus Amphipolis historische Fiktion und gehört wie die übrigen Einzelheiten des Briefes in den Bereich der Legende
(Syk. Mon. 27).

ἐν Ποτιδαίᾳ: Angespielt ist auf die Belagerung von Potidaia (432-429), an der Sokrates teilgenommen hat (vgl. Plat. Charm. 153a ff. symp. 219e ff.) und in deren Verlauf (vgl. Z. 8 νῦν γε) er unserem Verfasser zufolge das vorliegende Empfehlungsschreiben verfaßt haben soll (Orelli 152; Syk. Mon. 28). Wenig überzeugend demgegenüber Köhlers Datierung auf die Zeit "kurz vor 424, dem Abfall von Amphipolis zu Sparta" (a.O. 95, wegen Z. 4 οὐ πολλοῦ ... χρόνου).

συνεστάθη: 'vorgestellt, empfohlen werden', z.B. Xen. an. 3,1,8. 6,1,83; Epikt. 3, 23,22; 2 Kor 12,11 (LSJ s.v. A IV 1a; Bauer-Aland s.v. I 1b).

Ἀθήναζε: "κάλλιον ἢ εἰς Ἀθήνας" (Thom. Mag. p. 12,4 Ritschl). Vgl. zu ep.1, 1,8 Ἀθήνησι.

3 κεκίνηται: 'rebellieren, sich in Aufruhr befinden' wie Thuk. 4,76,4 (τὰ σφέτερα αὐτῶν ... κινούμενα) und häufig bei Cassius Dio, z.B. 9,1,7 τὸ τῶν Ἰβήρων κεκίνητο.

4 οἶμαι - χρόνου: Angespielt ist auf die Kapitulation von Amphipolis, die der Autor Thukydides (4,102ff.) entnommen und in Form einer Prophezeiung durch Sokrates für die vorliegende Stelle verwendet haben könnte (vgl. Syk. Mon. 28). Es ist also nicht unbedingt erforderlich, mit Pavlu (PhW 403) Antipatros von Tarsos als Quelle unseres Briefes anzunehmen.

δηλώσειν: Intransitiv ('sich zeigen, herausstellen') wie And. 4,12; Xen. mem. 1,2, 32. Kyr. 7,1,30.

5f. συλλαβόμενος - ὠφελήσεις: Angesprochen ist möglicherweise Chairephon (vgl. Syk. Mon. 27f.). - Ähnlich strukturiert ep. 2,5f. ὧν ἐπιμεληθεὶς ἐκεῖνόν τε σώσεις ἄνδρα φίλον καὶ ἡμῖν τὰ μάλιστα χαριῇ.

6 ἵνα: Nachklassischer Gebrauch von ἵνα wie im NT nach λυσιτελεῖ (Lk 17,2 εἰ ... ἢ ἵνα) und συμφέρει (Mt 5,29-30. 18,6; Joh 11,50. 16,7); vgl. Blaß-Debrunner § 393, 1 (auch Städele 326).

6f. ἀνήκεστον ... παθεῖν: Leicht 'verschleiernde' Ausdrucksweise für 'vollkommen zugrunde gerichtet werden' wie Thuk. 3,39,7; Dem. 54,5.

κινδυνεύσῃ ... ἔχοι: Im Konjunktiv wie schon klassisch der unmittelbare Zweck, im Optativ die erhoffte sich daraus ergebende Folge (vgl. Kühner-Gerth 2,387; Gößwein 124 zu Eur. ep. 5,46); dementsprechend der Wechsel von ἵνα und ὅπως (wie - allerdings ohne Modusvariation - z.B. Lk 16,27f.; 2 Thess 1,11f.; 2 Kor 8,14). Ähnlich ep. 7,3,18f. ἀποδέξαιντο ... εἰσιν.

7 περὶ ἐκείνης κτλ.: Vgl. Xen. Kyr. 6,1,10 περὶ ... φρουρίων ... πράγματα εἶχον φοβούμενός τε καὶ φρουρῶν.

8 δεομένη: Statt des Akt. wie Hipp. art. 58 (IV 248,10 Littré. = II 203,13 Kühlewein) πάνυ πολλοῦ δέεται (δεῖται Kühlewein) ψαύειν τῆς γῆς.

Vierter Brief

Knappe Mitteilung vom Typ der ἀπαγγελτική (vgl. Ps. Lib. char. epist. 27 Foerster = 23 Weichert), als deren Adressat Kriton zu denken ist (Allatius 153; Köhler 96; Syk. Mon. 28f.). 'Sokrates' informiert darin über die günstigen Voraussetzungen für die Ausbildung des älteren der beiden Kritonsöhne zum Politiker.

2 Κριτοβούλῳ ... ἐντυχὼν: Gedacht ist wohl an die ausführliche Unterredung des Kritobulos mit Sokrates; vgl. Xen. oik. 1,1ff., bes. 2,16 (Syk. Mon. 28f.).

φιλοσοφίαν: Vgl. Plat. Euthyd. 307a οὐκ ἔχω ὅπως προτρέπω τὸ μειράκιον ἐπὶ φιλοσοφίαν (Kriton über Kritobulos). φιλοσοφία braucht deshalb wohl auch an unserer Stelle trotz der deutlichen Abgrenzung zu τὰ πολιτικά nicht unbedingt mit Sykutris (Mon. 29 A. 3) im späteren Sinn als 'Fachphilosophie' interpretiert zu werden.

3 ἐξορμῆσ<εσ>θαι: Herchers Konjektur ist zu übernehmen; das überlieferte ἐξωρμῆσθαι (mit πρός τι wie schon Eur. Or. 1240) dürfte in 'Analogie' zu διανενοῆσθαι (Z. 3) versehentlich entstanden sein und ließe sich allenfalls als 'futurisches' ('emphatisches' oder 'rhetorisches') Perfekt halten (vgl. Schwyzer 2,273.287; Kühner-Gerth 1, 150; Blaß-Debrunner § 344,1). - Das Zusammentreffen zweier Infinitive (διανενοῆσθαι ... ἐξορμῆσ<εσ>θαι) wie ähnlich 1,3,25f. προσαποστερεῖν ζητήσειν (vgl. Komm. z. St.).

4 ἁρμόττουσαν: Mit πρός τι wie Isokr. 7,44; Plat. polit. 286d; Dem. 61,24; Polyb. 1,26,4.

ὑφηγησόμενον: "ὑφηγοῦμαι τὸ διδάσκω καὶ τὸ παραινῶ" (Thom. Mag. p. 369, 17 Ritschl). Vgl. Xen. Kyr. 8,7,15; Lys. 33,3; Dion Chr. 38,35; Plut. mor. 790e (οἱ ... διδάσκοντες ... ὑφηγούμενοι).

5 σχεδόν: "with Verbs ... frqu. used to soften a positive assertion with a sense of modesty" (LSJ s.v. IV 2; vgl. auch Schwyzer 2,548), z.B. Soph. El. 609; Thuk. 3,68,4. 5,66,4. 7,33,2; Plat. Phaid. 61c. Phaidr. 236d; Gal. plac. VI 5,10.13 (CMG V 4,1,2; p. 390,8.16 de Lacy).

Ἀθήνησι: Vgl. zu ep. 1,1,8 τὴν Ἀθήνησι διατριβήν.

6 πρὸς ἡμᾶς ἔχουσιν οἰκείως: Sokrates kann Kritobulos dort also gut einführen. Zu dieser in der sokratischen Literatur häufiger vorkommenden 'Vermittlerrolle' des Sokrates vgl. Syk. Mon. 29; Döring Epik. 216.

7f. ὥσπερ καὶ παρόντος σου: Sc. ἔπραττον. Vgl. Kühner-Gerth 2,256 (zu Xen. mem. 3,10,11).

Fünfter Brief

Schon Allatius (in A) hat erkannt, daß der Brief an Xenophon gerichtet sein muß; vgl. Xen. an. 3,1,4ff. (mit Syk. Mon. 29 "Ausgangspunkt und einzige Quelle des Briefes"). Inhaltlich zerfällt das Schreiben in zwei Teile: auf die Mitteilung, daß Xenophons Absicht, sich Kyros anzuschließen, in Athen auf Befremden stoße und sich dieses Befremden vermutlich noch verstärken werde, folgt in einem zweiten Abschnitt die Aufforderung an den Empfänger, "sein Vorhaben in einer seiner selbst würdigen Weise durchzuführen" (Döring Sok. 115; vgl. auch Syk. Mon. 29ff.). Der Brief verknüpft den τύπος συμβουλευτικός (vgl. Ps. Demetr. form. epist. 11 Weichert; ähnlich Ps. Lib. char. epist. 5 Foerster = 1 Weichert) mit einer ἀπαγγελτική (vgl. Ps. Lib. 27 Foerster = 23 Weichert), repräsentiert also insgesamt (wie ep. 6 und 7) den Typ der μικτή (vgl. Ps. Lib. 41 Weichert = 45 Foerster).

2 ἐν Θήβαις: Offensichtlich hat der Verfasser die Wörter 'μετεπέμψατο οἴκοθεν'

(Xen. an. 3,1,4) in der Weise mißverstanden, als habe Proxenos seinen Freund Xenophon von Theben aus eingeladen (Syk. Mon. 31), da ihm natürlich aus der Anabasis bekannt war, daß Proxenos aus Theben stammte (Köhler 96).

γενέσθαι: Seit Herodot (5,33,1) mit ἐν c. dat. zur Bezeichnung des Ortes, an den man gelangt. Vgl. LSJ s.v. γίγνομαι II 3c; Bauer-Aland s.v. γίνομαι II 4a.

ἀπηγγέλλετο: Impf. scheinbar statt aor. wie Xen. Hell. 6,4,7; Dem. 21,25 (jeweils ἀπηγγέλλετο). Vgl. Kühner-Gerth 1,143f.; Schwyzer 2,277f.; Blaß-Debrunner § 328.

δὲ καταλαβεῖν: Die Überlieferung braucht nicht mit Pavlu durch Einführung der Negation geändert zu werden; "il 'trovare uno partito' è espressione famigliare, che ha una sua implicita giustificazione" (Cast. Boll. 220). Vgl. Thuk. 7,33,5 καταλαμβάνουσι ... ἐναντίους ἐκπεπτωκότας; Diod. 19,80,2 καταλαβὼν ἀποπεπλευκότας τοὺς πολεμίους.

3 ὥς: Die Präposition (wie ep. 7,4,36) hier in gesuchtem Kontrast zu εἰς τὴν Ἀσίαν unmittelbar zuvor.

ὡρμηκότα: Intransitiv ('aufbrechen, sich in Bewegung setzen') mit εἰς c. acc. wie Eur. Med. 1178; Plat. Phaid. 112b; Polyb. 6,11a,7. 32,6,3; Diod. 17,61,1. 20,44,3; Dio Cass. 40,25,1.

εὐτυχῶν ... πραγμάτων: Ähnlich Aischyl. Ag. 1327 πράγματ'· εὐτυχοῦντα ...(vgl. Soph. Trach. 293f. εὐτυχῆ ... πρᾶξιν; Isokr. 12,254 πρᾶξιν εὐτυχεστέραν).

4 θεὸς οἶδεν κτλ.: Vgl. Xen. an. 3,1,5-7; zur Verarbeitung dieser Stelle durch den Verfasser vgl. Syk. Mon. 30.

ἤδη γέ: Möglicherweise in ἤδη καί zu ändern (nach ep. 6,5,45, falls dort nicht mit Stanley ἤδη γε zu schreiben ist).

6 οὐδ': Emphatische Steigerung (Denniston 197) wie häufig bei Polybios (z.B. 18, 11,7).

αὐτούς: Wiederaufnahme des log. Subjekts (Ἀθηναίους) wie ähnlich ep. 6,3,20 κἀκεῖνοι. 6,10,77 κἀγώ.

7 μεταπεσούσης: Im Unterschied zu ep. 1,4,34f. (μεταπεσούσης τῆς τύχης) hier wie häufig von einer politischen Veränderung (vgl. LSJ s.v. I 3). Gemeint ist wohl "jeder

Chronologie zum Spott" (Syk. Mon. 30 A. 3) der zur fiktiven Entstehungszeit des Briefes noch nicht erfolgte Sturz der Dreißig.

9 χωρήσειν: Vgl. zu ep. 7,3,17 χωρεῖν.

9f. ὑπολαμβάνω ... ἡγοῦμαι: Wiederholung von Synonymen wie ep. 1,12,97 ἐπεθύμησεν ... ὠρέχθη (Syk. Mon. 111).

9 σφοδρότερον: Im Komparativ seit Aristoteles (top. 103 a 22); vgl. LSJ s.v. σφοδρός I 1. II.

ἐπικείσεσθαι: 'bedrängen, zusetzen' wie häufig (auch abs.) seit Herodot. Vgl. LSJ s.v. II 2; Bauer-Aland s.v. 2b.

11 Ἡμεῖς: Auffällige Verwendung der 1. Pers. Pl. fast im Sinne von 'Du' (entsprechend der deutschen Redewendung "wie geht es uns?", wo eigentlich "wie geht es Dir?" gemeint ist). Entfernt vergleichbar vielleicht der seit spätklass. Zeit belegte Gebrauch der 1. und 2. Pers. Sg. als Vertretung für eine beliebige Person (vgl. Kühner-Gerth 1,557; Blaß-Debrunner § 281).

ἐπείπερ ἅπαξ: Seit Aristophanes (vesp. 1129 ἐπειδήπερ γ' ἅπαξ). Vgl. LSJ s.v. ἅπαξ II; Bauer-Aland s.v. ἅπαξ 1.

ἑαυτούς: Für ἡμᾶς αὐτούς wie schon klassisch und allgemein hellenistisch. Vgl. Kühner-Blaß 1,599; Kühner-Gerth 1,571; Schwyzer 2,197f.; Blaß-Debrunner § 64,1. 283; LSJ s.v. ἑαυτοῦ II; Bauer-Aland s.v. ἑαυτοῦ 2; Schmid 1,82.228.368.

ἔδομεν: Mit εἰς c. acc. wie Polyb. 3,15,4.17,8; Diod. 17,108. 18,47. Inhaltlich vgl. Xen. an. 3,1,7 ἐπεὶ μέντοι οὕτως ἤρου κτλ. (Syk. Mon. 30 A. 1).

11f. ἄνδρες ἀγαθοὶ γινώμεθα κτλ.: Schulmeisterliche Ratschläge, die "den allgemeinsten Topoi der Protreptik entnommen" sind (Syk. Mon. 31).

14 τιθέντες: 'glauben, halten für' mit inf. (vgl. LSJ s.v. B II 5) wie Soph. Ant. 1166; Plat. leg. 677c. Dafür häufig auch das Medium (z.B. Plat. Phaid. 93c. Parm. 133c; Dem. 23,47.128. 25,43-44); vgl. zu ep. 6,11,90.

δυοῖν τούτοιν: Die Verwendung von Dualformen wird seit Dion Chrysostomos (Kühner-Blaß 1,362) als "etwas eigentümlich Attisches ... in den sprachlichen Apparat der Attizisten aufgenommen" (Schmid 1,88) und ist bei attizistischen Autoren der Kaiserzeit ausgesprochen beliebt (vgl. Schmid 2,35f.; 3,47f.; 4,46f.; Obens 72). In den

Sokratesbriefen begegnet der Dual außer an unserer Stelle nur noch ep. 6,1,2f. (τοῖν ... ξένοιν ... αὐτοῖν); dieser eingeschränkte Gebrauch legt eine Datierung der Briefe in eine Entwicklungsphase auf dem Weg zum Attizismus nahe (vgl. Gößwein 90 zu Eur. ep. 1,9).

προσδεῖται: Das Kompositum schon bei Thukydides (1,102,2). Vgl. LSJ s.v. II 1; Bauer-Aland (s.v.).

15 ἀφιλοχρηματίας: Neben Plut. Gracch. 41,6 (τῆς Γράγχων ἀφιλοχρηματίας καὶ πρὸς ἀργύριον ἐγκρατείας) einziger Beleg des Wortes, das wie καρτερία dem Tugendenkreis der kynisierenden Popularphilosophie entstammen dürfte (Syk. Mon. 31). Ähnlich Philon quod omn. prob. 84 τὸ ἀφιλοχρήματον ... τὸ ἐγκρατὲς ... τὸ καρτερικὸν (sc. δείγματα φιλαρέτου ἐστίν); Onos. 1,8 ἀφιλάργυρον ... ἀφιλαργυρία.

ἐκείνην: Auf das unmittelbar Vorhergehende bezogen (vgl. Kühner-Gerth 1,648; Schwyzer 2,209; LSJ s.v. I 1; Bauer-Aland s.v. 1b). Für Herchers Konjektur (ταύτην) besteht also kein Anlaß.

οἰκείοις: 'Kameraden, eigene Leute' wie Plat. rep. 375c; Polyb. 1,76,8. 6,37,13.

16f. οἰκεῖα ... παραδείγματα: Vgl. ep. 28,10 (p. 48,20 Köhler; p. 10,30 Bickermann-Sykutris) οἰκεῖα καὶ γνώριμα τὰ παραδείγματα φέρειν (Bickermann-Sykutris 16: "... Beispiele beibringen, die zu dem Hörer in einer Beziehung stehen und ihm bekannt sind, ..."); Polyb. 21,31,6 παραδείγματι πρὸς τὸ παρὸν οἰκείῳ χρήσασθαι (Mauersberger s.v. οἰκεῖος I 5 'passend').

Sechster Brief

Adressat des Briefes ist ein Freund des Sokrates (Syk. RE 983 denkt an Alkibiades, Syk. Mon. 32 zieht Kebes oder Simmias in Erwägung), der dem Philosophen in einem Brief zwei Gesandte empfohlen hat mit der Bitte, sich für eine freundliche Aufnahme der beiden in der Volksversammlung einzusetzen. Darüber hinaus - so die Fiktion unseres Verfassers weiter - habe dieses Empfehlungsschreiben auch "eine Anspielung auf die Armut des Philosophen und das spätere Schicksal seiner Kinder" (Syk. Mon. 32) enthalten. Auf diese beiden Punkte - sie werden in der Sokratikerliteratur auch sonst häufiger behandelt (vgl. Döring Sok. 179) - geht der Autor in seinem Brief nun ein, der demzufolge in zwei Hauptteile (§ 1-5 und 5-10) zerfällt. Diese entsprechen (wie ep. 1) wohl am ehesten dem τύπος αἰτιολογικός (vgl. Ps. Demetr. form. epist. 16 Weichert; ähnlich Ps. Lib. char. epist. 38 Foerster = 34 Weichert); rein formal handelt es sich bei den Zeilen 1 - 3 allerdings um ein eigenes Antwortschreiben vom Typ der ἀντεπισταλτική (vgl. Ps. Lib. char. epist. 23 Foerster = 19 Weichert; ähnlich Ps. Demetr. form. epist. 14 Weichert), so daß der Brief insgesamt (wie ep. 5 und 7) wohl als μικτή (vgl. Ps. Lib. 45 Foerster = 41 Weichert) einzuordnen ist. - Zur Frage nach möglichen Vorlagen vgl. Syk. Mon. 33-35.40.

2f. τοῖν μὲν ξένοιν ... αὐτοῖν: Wegen der Dualformen vgl. zu ep. 5,2,14 δυοῖν τούτοιν.

2 παρεκάλεις: Das Imperfekt wie Z. 5 ἔγραφες vielleicht nicht zum Ausdruck eines Iterativs, sondern um hervorzuheben, daß die betreffende Tätigkeit erst mit der von ihr jeweils bezweckten Ausführung als vollendet angesehen wird (vgl. Kühner-Gerth 1,143f.; Schwyzer 2,277f.; Blaß-Debrunner § 328,3).

2f. τὸν ... συναγορεύσοντα ... τινά: Die Verwendung des Partizips (ähnlich ep. 4, 4f. τὸν ὑφηγησόμενον ... τὸν κράτιστον) scheint hellenistischem Sprachgebrauch zu entsprechen, da nach att. Gewohnheit das attributive Verhältnis wohl durch einen Relativsatz wiedergegeben wäre (vgl. Blaß-Debrunner § 412,4). - Wegen der Futurform συναγορεύσοντα vgl. zu ep. 1,7,53 ἀπηγόρευσεν.

3 ἐσκεψάμην: Vgl. Dem. ep. 2,11 σκοπεῖν ... τὸν διακονήσοντα ... καὶ τὸν ... ἐπιτιμήσοντα.

τῶν ἡμετέρων τινὰ ἑταίρων: Gemeint ist möglicherweise Chairephon (Syk. Mon. 27.32).

3f. ὑπηρετήσειν ... χαρίζεσθαι ἐθέλειν: Vgl. Xen. Kyr. 1,6,10 χαρίζεσθαι βουλόμενον ὑμῖν ὑπηρετήσειν.

4 προθυμότερον: Wie Z. 32 σοφώτερον elativischer Gebrauch des Komparativs (vgl. Kühner-Gerth 2,305f.; Blaß-Debrunner § 244,1.2; Schwyzer 2,184f.).

περὶ δὲ τοῦ χρηματισμοῦ: περί c. gen. in der bereits klassischen Bedeutung 'betreffend, was anbelangt' (Kühner-Gerth 1,492; Schwyzer 2,503) zur Einleitung eines neuen Abschnitts (wie Z. 38 περὶ δὲ τῶν παίδων; ep. 7,3,17 περὶ δὲ ὑμῶν) entspricht hellenistischem Sprachgebrauch (vgl. Blaß-Debrunner § 229; Bauer-Aland s.v. περί 1h).

5 περὶ ὧν: Vielleicht ist (wie ähnlich Z. 38) besser ὧνπερ zu schreiben; durch die geringfügige Änderung der Überlieferung würde die (nach περὶ ... χρηματισμοῦ) störende Wiederholung der Präposition vermieden. Wegen der dann vorliegenden Inkonzinnität (περὶ ... χρηματισμοῦ - καὶ ὧνπερ) vgl. zu ep. 1,8,60 πολλὰ ... καὶ ὅτι.

πρὸς <τῶν> παίδων: Der überlieferte Text (προσπαίζων) ist korrupt (vgl. die unbefriedigende Interpretation Syk. Mon. 32), läßt sich jedoch nach Z. 38 (περὶ δὲ τῶν παίδων ... προνοεῖσθαι) und 89f. (τῶν παιδίων ... ὀλιγωρεῖν) entsprechend der Disposition des Briefes überzeugend verbessern. - Beispiele für die Bedeutung von πρός mit Genitiv ('zu jmds. Vorteil oder Gunsten') bei Kühner-Gerth 1,517; Schwyzer 2,516; Blaß-Debrunner § 240,1; Bauer-Aland s.v. πρός I (vgl. auch Thom Mag. p. 305,5ff. Ritschl).

6 ἐσπουδακότων ... περὶ πλοῦτον: Vgl. Plat. rep. 330c οἱ χρηματισάμενοι περὶ τὰ χρήματα σπουδάζουσιν; Isokr. 1,27 περὶ τὸν πλοῦτον; Dio Cass. 40,27,3 περὶ τὰ χρήματα ... ἐσπουδάκει (wie an unserer Stelle 'perfectum intensivum'; vgl. Kühner-Gerth 1,148f.; Schwyzer 2,263).

7 αἱροῦμαι: 'vorziehen' mit Inf. wie z.B. Pind. Nem. 10,59; Hdt. 1,11,4; Lys. 2, 62; Polyb. 1,31,8. 6,42,5. 10,27,8.

ἔπειτα: Vgl. zu ep. 1,6,45.

ἐξόν μοι ... λαμβάνειν: Vgl. ep. 1,3,20 παρὰ χρηστῶν δέ μοι ἔξεστι ... λαμβάνειν. Die Paronomasie (παρὰ πολλῶν πολλὰ) wie ep. 1,2,11f. παρ' οὐδενὸς οὐδὲν εἰληφώς (ähnlich ep. 1,8,60 πολλοῖς δὲ πολλά).

8 παρὰ ζώντων: Präpositionalausdruck ('von seiten') anstelle des bloßen Gen. (z.B. Plat. ep. 8,353c τῇ τῆς πόλεως δωρεᾷ) wie ähnlich Plut. Arist. 1,5 τὰς παρὰ τῶν φίλων δωρεάς. Vgl. Z. 22 τὴν παρὰ τῶν πληθῶν εὐφημίαν; Z. 72 τῆς παρ' ἡμῶν ... ὠφελείας (ähnlich Z. 52 τὰς ἀπ' αὐτῶν ... ἐλπίδας). Solche Umschreibungen begegnen bereits bei klassischen Autoren, wenn "das Verhältnis zweier Substantive zueinander logisch bestimmter und schärfer" (Kühner-Gerth 1,336) ausgedrückt werden soll. Von Attizisten werden diese in der Koine dann äußerst beliebten Wendungen (vgl. Schmid 3,91; 4,100. 613. 624; Obens 69-70. 71-72) eher gemieden (a.O. 4,616). An unserer Stelle hat möglicherweise das unmittelbar zuvor stehende παρὰ πολλῶν nachgewirkt.

δωρεάς: Döring (Sok. 121) denkt an Geldgeschenke im Unterschied zu Naturalien;

doch sind wohl vor allem Zuwendungen wie die des Archelaos im 1. Brief gemeint, schwerlich pauschal jede Art von Geschenk (so Syk. Mon. 33f.). In Notzeiten jedenfalls rechnet der Sokrates unserer Briefe durchaus mit der Unterstützung durch Freunde (vgl. ep. 1,3,21ff. οὐδὲ ... περιόψονται ἡμᾶς ἀπορουμένους; ep. 6,11,84f. οὔκουν δύνανται ... κακῶς πράττοντα αὐτὸν παρεξιέναι) und entspricht damit auch ganz dem Bild, das wir von ihm aus der übrigen Überlieferung gewinnen (Döring Sok. 121 mit Belegen; vgl. auch Fiore 120.146 A. 165).

καὶ ὅσα: Wegen der Inkonzinnität (δωρεὰς ... καὶ ὅσα) vgl. zu ep. 1,8,60 πολλὰ ... καὶ ὅτι.

9 ἀφῶσιν: 'vermachen, hinterlassen' (Eur. Herakleid. 809f. θανὼν ἐμοὶ τιμὰς ... ἄφες; Mk. 12,19-22) anstelle des auch in unserem Brief (Z. 51.65.94) häufigeren καταλείπω (vgl. LSJ s.v. I 1).

παραιτοῦμαι: Eine Behauptung, die "sonst nirgends überliefert ist und vom Verfasser der Briefe offenbar zum Zwecke der Steigerung ad hoc erfunden wurde" (Döring Sok. 121; vgl. auch Syk. Mon. 33). - Zum Verbum in der Bedeutung 'zurückweisen, ausschlagen' (wie ähnlich ep. 7,2,11) vgl. Lampe s.v. 2; Bauer-Aland s.v. 2 b; Städele 259.

10 παρὰ τοῖς ἄλλοις: Ein sog. 'dativus iudicantis' (Schwyzer 2,151), zu dem so wie an unserer Stelle die Präposition παρά treten kann (vgl. Kühner-Gerth 1,421; Blaß-Debrunner § 238,2; Schmid 3,286).

11 προσεπιθεωρεῖν: Das seltene Verbum ist vorwiegend in der Fachliteratur seit Hippokrates belegt (vgl. LSJ s.v.); sonst scheint es außer an unserer Stelle nurmehr Ps. Long. sublim. 9,11 (ταῦτα ... προσεπιθεωρητέον; ähnlich 30,1 προσεπιθεασώμεθα) vorzukommen.

12 κἂν εἰ: Die Überlieferung ist korrekt (Syk. Mon. 33; Cast. Gnom. 218). Vgl. Plat. Gorg. 514d τά τε ἄλλα κἂν εἰ ... παρεκαλοῦμεν ... ἐπεσκεψάμεθα ... ἄν (LSJ s.v. κἂν I 1); ähnlich ep. 1,11,92-93.

12f. χρῆσιν ... πορισμόν: Ähnlich die Antithese Plat. Menex. 238b; Aristot. EN 1098 b 32; Cic. ad fam. 7,29,1 jeweils mit κτῆσις (statt des seit Polybios belegten πορισμός. Vgl. LSJ s.v.; Bauer-Aland s.v.). Solche Gegenüberstellungen entsprechen einem gängigen Topos (Passow 2,2,2510) und sind vor allem bei Kynikern beliebt (Reuters 97; Städele 326).

12 σωματ<ικ>ῶν: Das Wort ist zuerst bei Aristoteles belegt (LSJ s.v. 2; Bauer-Aland s.v. 1) und kommt auch in nicht-philosophischem Kontext vor (vgl. z.B. Plut. Marc. 14,8; mor. 90b). Mit abwertendem Unterton (wie vielleicht auch an unserer Stelle) häufig in patristischer Literatur; vgl. Lampe s.v. 5c ("earthly things").

διαφέροντες: Anstelle der nach διαφέρω gebräuchlicheren Präpositionen εἰς, πρός oder κατά (vgl. Kühner-Gerth 1,317) hier mit περί c. acc. wie häufig bei Polybios (Passow 1,1,671).

13 διεστήκαμεν: Analog Zeile 12 περὶ τὴν χρῆσιν ... διαφέροντες mit περί c. acc. (dafür gewöhnlich περί c. gen., z.B. Plat. Theait. 169d).

ἀπαρκεῖ: Ursprünglich dichterisch (z.B. Aischyl. Pers. 474); seit Dionysios von Halikarnaß (11,1) auch in Prosa (LSJ s.v.), z.B. Epikt. 1,11,28; Arr. anab. 5,7,2; Philostr. VA 1,16. Offensichtlich als das gewähltere Wort dem verbum simplex vorgezogen (vgl. Thom. Mag. 24,15 Ritschl).

14f. τροφῇ ... ἐσθῆτι ... ὑποδήμασι: "Dies die von Xenophon und Platon her bekannten und von da an stereotyp wiederholten Kennzeichen für die Bedürfnislosigkeit des Sokrates" (Döring Sok. 121 mit Belegen. Vgl. auch Syk. Mon. 33ff.). - Der Ausdruck τροφῇ ... χρῆσθαι τῇ λιτοτάτῃ (mit dem seit Epikur belegten Adjektiv λιτός; vgl. LSJ s.v.) wie Ath. 5,191-192.

15 πολιτικῆς ... δόξης: Vgl. Aristot. rhet. 1361 a 9 εὐεργετικῆς δόξης vom Ansehen eines Wohltäters aufgrund einer Wohltat. An unserer Stelle muß dementsprechend vom Ansehen eines Bürgers die Rede sein, das aus dessen Leistungen als Bürger resultiert. In Sokrates' Augen kommen dafür keine kostspieligen Sachaufwendungen in Frage, sondern allein σωφροσύνη und δικαιοσύνη (πλὴν ὅσον κτλ.; vgl. auch Z. 21 ἦν εἰκὸς ἐξ ἀρετῆς περιγίγνεσθαι).

πλὴν ὅσον: Wie z.B. Soph. OT 1509; Thuk. 7,23,4; Plat. leg. 670a. 856d (LSJ s.v. πλήν II 5). Zur Bedeutung von ὅσον ('nur') vgl. Kühner-Gerth 2,412.

15f. ἐκ τοῦ ... δίκαιος: Von δόξης (Z. 15) abhängige Infinitivkonstruktion (vgl. Döring Sok. 121) mit Kasusattraktion der beiden Prädikatsnomina σώφρων und δίκαιος, da kein Subjektswechsel vorliegt (vgl. Kühner-Gerth 2,38). Substantivierte Infinitive dieser Art sind bei Polybios beliebt (Schmid 3,82; 4,84); ähnlich 2 Kor 8,11 ἐκ τοῦ ἔχειν (Blaß-Debrunner § 403,3).

16 ὅσοι δὲ: Sokrates hat mit χρῆσις (Z. 12) bzw. πορισμός (Z. 13) auf der einen und δόξα (Z. 15) auf der anderen Seite zwei Bereiche genannt, in denen er sich von seinen Mitmenschen unterscheidet. Dementsprechend erscheint die knappe Darlegung der eigenen Bedürfnislosigkeit ebenso zweigeteilt (ἀπαρκεῖ ... οὐδὲ ... δίκαιος) wie die nun mit unserer Stelle einsetzende breit angelegte Schilderung der völlig anders gearteten Ansprüche von Sokrates' (bzw. des Autors) Zeitgenossen. Gegen die vor allem syntaktisch unbefriedigende Interpretation in den bisherigen Übersetzungen (vgl. auch Bremi bei Or. 318) ist ὅσοι δὲ dann aber nicht als Relativpronomen, sondern als Einleitung eines Ausrufesatzes aufzufassen (vgl. Kühner-Gerth 2,439; Schwyzer 2,626; Blaß-Debrunner § 304,3).

πολυτελείας ... δίαιταν: Im Vergleich zur klassischen 'Schlichtheit' (etwa Xen. mem. 1,6,9 ἄνευ πολυτελοῦς διαίτης) schwülstig gespreizte Ausdrucksweise wie ähnlich z.B. Dio Cass. 69,22,4.

17 οὐδὲν ἀπολείπουσιν: Ähnlich z.B. Thuk. 8,22,1; Plat. rep. 533a (jeweils οὐδὲν προθυμίας).

17f. οὐχ ὅτι ... ἀλλὰ καὶ: 'nicht nur-sondern auch'. Vgl. Kühner-Gerth 2,258; Schwyzer 2,708; Blaß-Debrunner § 480,5a.

18 χαρίζονται: 'frönen, sich hingeben' wie Pind. fr. 127 Snell-Maehler (ἔρωτι); Xen. Kyr. 4,3,2 (τῇ ἡδονῇ); Plat. rep. 561c (τῇ ἐπιθυμίᾳ); Plut. mor. 1098d. 1099b (γαστρὶ).

19 ἀπορρήτοις: Im Kontext der Stelle (Syk. Mon. 36: "... von dem Geschlechtsleben") wie Plut. mor. 139e; Longos 3,32,2. Die Verbindung mit ἡδονή scheint dagegen singulär zu sein.

ὃν τρόπον: Einleitung eines Vergleichs wie häufig in LXX (z.B. Ps. 41[42],1) und NT (z.B. Apg 1,11. 7,28). Vgl. LSJ s.v. τρόπος II 2; Bauer-Aland s.v. 1; Blaß-Debrunner § 160 A. 2. 475 A. 3. - Ähnlich ep. 2,2 ὃν τρόπον ... σπουδάζεται οὐκ ἀγνοεῖς.

χρόαν διεφθορότες: Die Verbindung (ähnlich Plat. Phaid. 117b οὐδὲν ... διαφθείρας οὔτε τοῦ χρώματος οὔτε τοῦ προσώπου) analog Stellen wie Hdt. 1,38,2 (διεφθαρμένον τὴν ἀκοὴν) oder Plat. rep. 517a (διεφθαρμένος ... τὰ ὄμματα) und mit der vor allem für die späte Prosa typischen Perfektform (vgl. LSJ s.v. διαφθείρω III 1).

20 ἐπακτοῖς : Im Kontrast zu κατὰ φύσιν (Z. 19) wie ähnlich Hdt. 7,102,1 (σύντροφος); Aristot. meteor. 382 b 11 (συμφυές). gen. an. 750 a 9 (σύμφυτος). - Zur Verbindung mit χρώμασι vgl. Plat. Phaidr. 239d ἀλλοτρίοις χρώμασι καὶ κόσμοις χήτει οἰκείων κοσμούμενον; Dio Cass. 58,5,3 ἐπακτῷ καλλωπίσματι (mit οἰκείᾳ ἀξιώσει als Antithese entsprechend ἀληθινὴν δόξαν an unserer Stelle).

κἀκεῖνοι: Wiederaufnahme des Subjekts im Vergleich wie Z. 77 κἀγώ; vgl. z.B. Xen. mem. 1,2,24. Hell. 2,4,41 (Kühner-Gerth 1,660f.). Ähnlich ep. 5,1,6 αὐτούς.

δόξαν ἀπολωλεκότες: Ähnlich Dio Cass. 2,50 (διαφθεῖραι). Zum kynisch-stoischen Hintergrund des Gedankens vgl. Pohlenz Stoa 1,335. 2,165.167 (Döring Epikt. 203 mit Parallelen bei Epiktet).

21 περιγίγνεσθαι: Vgl. Thuk. 1,144,3 ἔκ τε τῶν μεγίστων κινδύνων ... καὶ πόλει καὶ ἰδιώτῃ μέγισται τιμαὶ περιγίγνονται; Diog. Laert. 2,68 τί αὐτῷ περιγέγονεν ἐκ τῆς φιλοσοφίας. Ähnlich Thuk. 4,73,3 περιγενέσθαι αὐτοῖς ὧν ἕνεκα ἦλθον; Dem. 18,80 τοῖς μὲν ... πεισθεῖσιν ἡ σωτηρία περιεγένετο. prooem. 23 δόξα τῇ πόλει παρὰ τοῖς πολλοῖς π.; 8,53 ἐκ τούτων περιγίγνεταί τι; Aristot. EN 1103 a 17 ἡ ἠθικὴ ἐξ ἔτους π.; Polyb. 1,35,9 ἡ ἐκ τῆς πραγματικῆς ἱστορίας περιγινομένη ἐμπειρία (LSJ s.v. II 3). Sykutris' Konjektur (παραγίγνεσθαι, z.B. Xen. Kyr. 4,1,14; Aristot. EN 1103 a 26) ist also zumindest nicht zwingend.

ἀρεσκείας: Seit Aristoteles gut belegt (vgl. LSJ s.v. 1; Bauer-Aland s.v.). - Parallelen zur kynisierenden Kritik unserer Stelle an einer (πολιτικὴ) δόξα ἐξ ἀρεσκείας bei Sykutris (Mon. 35).

22 διανομαῖς καὶ ἑστιάσεσι: Deutliche Anspielung auf die Verhältnisse zur Zeit des Verfassers (Orelli 163.318; Döring Sok. 122). Bereits Aristoteles (pol. 1321 a 37) kennt allerdings θυσίας ... μεγαλοπρεπεῖς, ἵνα τῶν περὶ τὰς ἑστιάσεις μετέχων ὁ δῆμος ... ἄσμενος ὁρᾷ μένουσαν τὴν πολιτείαν.

πανδήμοις: Ähnlich IG 7,2712,79 (δεῖπνον) aus neronischer Zeit.

παρὰ τῶν πληθῶν: Vgl.zu Z. 8 παρὰ ζώντων bzw. ep. 1,2,14 πλήθη.

εὐφημίαν: In der Bedeutung 'Beifall, guter Ruf' erst seit Philodem (LSJ s.v. III 2; Bauer-Aland s.v.); vgl. vor allem M. Aur. 6,16,3 παρὰ τῶν πολλῶν εὐφημίαι.

23 ὅθεν ... συμβαίνει: Vgl. zu ep. 1,7,51.

23f. οὔτε ... τε ... οὐκ: 'weder-noch' (vgl. Kühner-Gerth 2,288; Denniston 508f.). Köhlers Änderung erübrigt sich damit (vgl. auch Chantraine 196; Taylor 22).

24 ἀποδέχεσθαι: Vgl. zu ep. 1,4,28.

25 μισθὸν ... φερόμενοι: Wie Xen. oik. 1,4. Ähnlich Theogn. 434; Aristoph. Ach. 66 (jeweils φέρειν).

εὐλογίας: Synonym zu εὐφημία (Z. 22). Das ursprünglich dichterische Wort (z.B. Pind. Nem. 4,5; Eur. Herakl. 356; Aristoph. Pax 738) ist seit Thukydides (2,42,1) auch in Prosa belegt (vgl. LSJ s.v. εὐλογία II; Bauer-Aland s.v. 1).

ἐμοὶ μὲν: Konfirmatives μέν solitarium wie häufig nach Demonstrativ- und Personalpronomina (vgl. Kühner-Gerth 2,140.272; Schwyzer 2,570; Blaß-Debrunner § 447, 2).

26 ἰσχυρισαίμην: 'beharren, unnachgiebig sein' abs. wie z.B. Thuk. 7,49,4 (LSJ s.v. II 1).

27 μέντοι: Häufig wie hier (Z. 26 εἰ μὲν) mit μέν korrespondierend. Vgl. LSJ s.v. μέν A II 6 a. B II 4 a; Kühner-Gerth 2,144; Schwyzer 2,569.

29 ἐννοούμενος: Mit περί c. gen. wie Eur. Med. 925 (τέκνων); M. Aur. 6,47,5 (πάντων τούτων). Mit κατ' ἐμαυτὸν wie ähnlich Lukian. deor. conc. 18 πρὸς ἐμαυτόν γε ἐννοῶ.

30 εὐδαίμων ... καὶ μακάριος: Hendiadyoin wie Plat. rep. 344b.354a; symp. 193d; ähnlich εὐδαίμων (τε) καὶ ὄλβιος (Hes. erg. 826; Theogn. 1023).

εἴη: Optativ im abhängigen Fragesatz nach einem Haupttempus (ἐννοούμενος ... ὁρῶ); klass. selten und nicht unverdächtig (vgl. Kühner-Gerth 1,231. 2,537), allerdings wohl kaum mit Bock Cano (24) Indiz für eine Datierung der Briefe ins 2. Jh. n. Chr., da diese ansonsten keine Besonderheiten im Gebrauch des Optativs aufweisen und sich spätestens seit Philon Versuche finden, diesen Modus "künstlich nach attischem Muster wieder zu beleben" (Schwyzer 2,338).

τῷ ... δεῖσθαι: dat. rei nach ὑπερβάλλειν τινὰ wie Xen. Hell. 7,3,6; Dem. 18,275.

31 φύσεως ... λαμπροτάτης: Ähnlich Polyb. 7,11,3 τὸ τῆς φύσεως λαμπρὸν; Diod. 2,22,3. 4,10,2.40,1 ψυχῆς λαμπρότητι.

ἐκεῖνο ... τὸ κτλ.: Möglicherweise Rückgriff auf epikureisches Gedankengut (vgl. Epikur. ep. 3,130 Us. ἥδιστα πολυτελείας ἀπολαύουσι οἱ ἥκιστα ταύτης δεόμενοι), das sich hier gut in die im übrigen nach Xen. mem. 1,6,10 konzipierten Überlegungen (Syk. Mon. 34f.) des Autors einfügt. Ähnlich Ael. VH 4,13 ἑτοίμως ἔχειν καὶ τῷ Διὶ ὑπὲρ εὐδαιμονίας διαγωνίζεσθαι μάζαν ἔχων καὶ ὕδωρ (vgl. auch Cic. fin. 2,27.88; Hor. ep. 1,2,46; Sen. ep. 25,4; Clem. Alex. strom. 2,21 als Beispiele für die weite Verbreitung des Gedankens). Angesichts dessen fällt der überlieferte Text (... ἐκεῖνο ἦν, οὐ τὸ κτλ.) deutlich ab und sollte deshalb nicht beibehalten werden.

ἦν: Zum Imperfekt vgl. Kühner-Gerth 1,145f.; Schwyzer 2,279f. ("attractio temporis").

32 καίτοι: Zur Funktion des Adverbs in der Argumentation des Autors vgl. Kühner-Gerth 2,152; Denniston 561-562.

σοφώτερον: Elativ wie Z. 4 προθυμότερον (vgl. Komm. z. Stelle).

32f. ἑαυτὸν ἀπεικάζει τῷ σοφωτάτῳ: Vgl. Plat. rep. 396d ἀπεικάζειν ἑαυτὸν τῷ χείρονι.

33 ὑπάρχειν: Vgl. zu ep. 1,3,21.

33f. μακαριώτατον ... μακαρίῳ: Die Überlieferung ist ebenso sinnvoll wie verständlich und sollte deshalb nicht analog σοφώτερον ... σοφωτάτῳ (Z. 32f.) mit B bzw. Hercher und wohl auch Sykutris (vgl. PhW 1287) geglättet werden. In der göttlichen Sphäre darf von Gott als "dem schlechthin ... Glückseligen" (Döring Sok. 122) auch im Positiv (μακαρίῳ) gesprochen werden, weil jede weitere Steigerung sinnlos wäre. Ein Mensch hat demgegenüber bereits die höchste Stufe der εὐδαιμονία erreicht (μακαριώτατον), wenn er dem so verstandenen Gott ὅτι μάλιστα ἐξομοιωθῇ. Zur Verarbeitung dieses auf Xen. mem. 1,6,10 zurückgehenden Gedankens in der kynisierenden Popularphilosophie vgl. Syk. Mon. 35 und Döring Sok. 122 mit Parallelen.

34 τοῦτο δὲ κτλ.: Vgl. Epikur. fr. 70 Us. τιμητέον τὸ καλὸν ... ἐὰν ἡδονὴν παρασκευάζῃ· ἐὰν δὲ μὴ ... χαίρειν ἐατέον.

34f. πλοῦτος ... ἀρετὴ: Zum Hintergrund dieser auffälligen Gegenüberstellung von Reichtum und Tugend (statt Armut bzw. Bedürfnislosigkeit) vgl. Döring Sok. 122.

34 ἂν: Mit ἐχρῆν nach klassischem Vorbild, da in den Augen des Autors "nicht bloß die Erfüllung, sondern die Forderung selbst ... unwirklich ist" (Kühner-Gerth 1,206 mit Beispielen).

35 εὔηθες: Mit Inf. (μεταδιώκειν) wie Aristot. metaph. 1062 b 34. an. post. 88 b 17 (vgl. auch Demokr. VS 68 B 67).

ὄν: 'wahrhaft, wirklich' wie Z. 45 τῶν ὄντων ... ἀγαθῶν. Vgl. z.B. Plat. rep. 505d ἀγαθὰ ... τὰ δοκοῦντα κτᾶσθαι, τὰ ὄντα ζητοῦσιν (LSJ s.v. εἰμί A III).

36 μεταδιώκειν: Bereits bei Platon, z.B. Tim. 46d (αἰτίας πρώτας). 59c (ἰδέαν).

37 οὕτω: Das Adverb wird für gewöhnlich als Zusammenfassung der bisher gemachten Ausführungen des Autors interpretiert (vgl. die Übersetzungen seit Allatius). Dem scheint jedoch die Stellung der unmittelbar vorausgehenden Negation οὐχ zu widersprechen, da diese ja in aller Regel vor dem zu verneinenden Wort steht; die in den Grammatiken - Kühner-Gerth 2,179f.; Schwyzer 2,596; Blaß-Debrunner 360f. - genannten Ausnahmen treffen auf unsere Stelle nicht zu. Hier ist also entweder von einer nachlässigen und etwas unlogischen, bei entsprechender Betonung jedoch nicht weiter zu beanstandenden Formulierung auszugehen oder οὕτω ('in dem Maße') besser kaiserzeitlichem Sprachgebrauch entsprechend auf den folgenden Komparativ βέλτιον zu beziehen; vgl. Arr. Ind. 6,3; Lukian. Tim. 18 ; Phalar. ep. 128 (Kühner-Gerth 1,27; Passow 2,1,601).

μεταπείσειε: Das Kompositum ist seit Aristophanes (Ach. 626) belegt (LSJ s.v.); die Verbindung mit einem Nebensatz (analog dem verbum simplex, z.B. Plat. rep. 327c. 364b) scheint allerdings erst bei kaiserzeitlichen Autoren vorzukommen, z.B. Plut. mor. 986e (ὅτι).

38 περὶ δὲ τῶν παίδων: Überleitung zum zweiten Hauptabschnitt unseres Briefes mit Angabe des neuen Themas (vgl. Z. 4f. περὶ δὲ τοῦ χρηματισμοῦ καὶ περὶ ὧν πρὸς <τῶν> παίδων ἔγραφες), das im folgenden Relativsatz (ὧνπερ ... προνοεῖσθαι) näher spezifiziert wird; es gehört zu den häufiger vorkommenden Sokratesthemen (vgl. Döring Sok. 173).

δεῖν προνοεῖσθαι: Verbindung von zwei Infinitiven; vgl. zu ep. 1,3,25 προσαποστερεῖν ζητήσειν.

39 ἀρχὴν εὐδαιμονίας: Ähnlich Epikur. fr. 409 Us. (παντὸς ἀγαθοῦ). 424 Us. (χαρᾶς ... ἀπάσης).

40 φρονεῖν εὖ: Infinitiv ohne Artikel als Objekt (vgl. Kühner-Gerth 2,3f.; Blaß-Debrunner § 399).

νοῦ ... μετειληφότα: Ähnlich Plat. Prot. 337c. epin. 986d (jeweils φρονήσεως). rep. 619d (ἀρετῆς).

41 ἔπειτα: Vgl. zu ep. 1,6,45.

42 ὑπάρχειν: Vgl. zu ep.1,3,21.

43 αὖθίς ποτε: Vgl. Xen. Hell. 6,3,15 ἂν μὴ νῦν, ἀλλ' αὖθίς ποτε; Plat. leg. 711c μηδὲ νῦν γε ... μηδ' αὖθίς ποτε. - Zum Inhalt (Armut führt zur φρόνησις) vgl. Syk. Mon. 36f. mit Parallelen.

οἰήσεως: 'falsche Meinung, irrige Annahme' wie Anaximen. rhet. Alex. 1431 a 40; Zenon Tars. 1,20 SVF III p. 209ff. (LSJ s.v. I).

τοῦ εἶναι: Der Infinitiv mit τοῦ ('Gerundium'), bereits klassisch gut belegt (vgl. Kühner-Gerth 2,40ff.; Schwyzer 2,361.370), gilt in der Koine als Merkmal gehobener Sprache (Blaß-Debrunner § 400).

44 χορηγίας: 'Aufwand, Überfluß' seit Aristoteles (pol. 1333 b 17 τῶν εὐτυχημά-των); vgl. LSJ s.v. II d.

45 ἠτύχει: 'fail of a thing' (LSJ s.v. 2). Vgl. Xen. Hell. 3,1,22 τῶν δικαίων οὐδε-νὸς ἀτυχήσοι; Plat. Theait. 186c οὐ δὲ ἀληθείας τις ἀτυχήσει.

ἤδη καὶ: 'jetzt schon' wie 3 Makk 3,10. 6,24; Ios. AJ 16,100; Lk 3,9 (Bauer-Aland s.v. ἤδη 1a). Möglicherweise ist allerdings mit Stanley ἤδη γε (vgl. ep. 5,1,4) zu schreiben.

τῶν ὄντων ... ἀγαθῶν: Vgl. zu Z. 35f. τὸ ὂν ἀγαθόν.

προσαπεστέρηται: Mit Akk. wie Xen. Kyr. 6,1,12 (ἵππους) anstelle des häufigeren Gen. (z.B. Dem. 21,67 τῆς νίκης).

45f. ὑπὲρ τῶν μελλόντων ... ἐλπίδα: Vgl. Dion. Hal. 5,46,1 ἐλπίδας ὑπὲρ τῆς νίκης (ähnlich 5,27,1 περὶ ... ψυχῆς). Häufiger ist die Verbindung von ἐλπίς mit dem bloßen Gen., z.B. Aristot. spir. 449 b 27; Dio Cass. 47,11,5 (jeweils τοῦ μέλλοντος).

46 χρηστὴν ἐλπίδα: Wie Aristoph. vesp. 306f. und (jeweils Plural) Plut. Sert. 20, 5; Lukian.ver. hist. 2,31; Herodian. 1,7,1.

47 οὐδὲ γὰρ: "... the negative counterpart of καὶ γάρ" (Denniston 111).

σωθῆναι: Seit Homer "with a sense of motion to a place" (LSJ s.v. II 2), selten je-doch wie hier in übertragener Bedeutung (z.B. Aristot. hist. an. 582 b 21 εἰς αὔξην).

οἷόν τέ ἐστι: Mit pers. Dat. wie Thuk. 7,14,2; Plat. Parm. 160e.

47f. κατεχομένῳ μὲν ... κατεχομένῳ δὲ: Durch die Anapher wird "der beiden Sätzen gemeinsame Begriff gleichsam räumlich auf zwei verschiedene Seiten gestellt und dadurch die Bedeutsamkeit desselben hervorgehoben" (Kühner-Gerth 2,267).

48 γοητείας: 'Schwindel, Betrug, Gaukelei' schon Platon (rep. 584a) und häufig dann bei hellenistischen und kaiserzeitlichen Autoren, z.B. Plut. mor. 961d ἡδονῆς δι' ὀμμάτων (LSJ s.v.).

49 κατὰ πᾶν αἰσθητήριον: Vgl. Dion Chr. 8,23 ἡ δὲ ἡδονὴ κατὰ πᾶσαν αἴσθησιν (sc. ἐπιγίγνεται) ὁπόσας ἄνθρωπος αἰσθήσεις ἔχει (Syk. Mon. 37 A. 1).

49f. εἴ τι κτλ.: Zur Funktion des Nebensatzes vgl. Kühner-Gerth 2,573-574.

50 κρίμα: In der Bedeutung 'Urteil' erst seit hellenistischer Zeit belegt, z.B. Polyb. 23,1,12; Mt 7,2; M. Aur. 8,47,1 (LSJ s.v. I 1; Bauer-Aland s.v. 4a.6).

51 καί[1]: "... pro καίπερ..." (Orelli 166; bei Syk. Mon. 37 A. 3 offensichtlich nicht berücksichtigt). Vgl. Kühner-Gerth 2,85f.; Schwyzer 2,389; Blaß-Debrunner § 425,1.

52 ἐν σφίσιν αὐτοῖς: Subjekt und Objekt der Hoffnung fallen in einer und derselben Person zusammen. Ähnlich ep. 1,5,37f. τὸ γὰρ ἀτιμαζόμενον καὶ δι' ὃ παρορῶνται αὐτοί εἰσιν (vgl. Komm. z. St.).

ἀπ' αὐτῶν: Die Überlieferung läßt sich halten. Vgl. LSJ s.v. ἀπό III 1b; Bauer-Aland s.v. V 4; Kühner-Gerth 1,457; Schwyzer 2,446. Ähnlich Z. 7f. τὰς παρὰ ζώντων μόνον δωρεὰς (vgl. Komm. z. St.).

53 ἀγαθοῖς: 'tüchtig, fleißig, rege' (im Gegensatz zu Z. 54 ἀργία). Nur auf dieser Grundlage sieht Sokrates die sittliche Reife seiner Kinder gewährleistet; vgl. Z. 47 σωθῆναι ... πρὸς ἀρετὴν (ähnlich Z. 42f. ἀναγκασθεὶς ὑπὸ πενίας ... φρονήσει).

καταλείπεται: Mit Infinitiv (wie Xen. Hier. 5,2. an. 5,2,1; Dio Cass. 45,47,2. 52, 41,2) und in deutlicher Anspielung auf Z. 50f. αἰτίαν καταλιπεῖν ἀφροσύνης.

54 ἀργίᾳ: Vgl. Dion Chr. 10,7 ἡ γὰρ ἀργία καὶ τὸ σχολὴν ἄγειν ἀπόλλυσι πάντων μάλιστα τοὺς ἀνοήτους ἀνθρώπους (Syk. Mon. 37).

55 νόμος ... κελεύει: Ein solches Gesetz hat sich nicht erhalten; daß es in Athen jedoch "Gesetze gab, in denen bestimmte Rechte der Kinder gegenüber ihren Vätern festgelegt waren, ist sicher" (Döring Sok. 123 mit Literatur).

μέχρις: Die Form mit -ς, von Phrynichos (ekl. 6 Fischer) getadelt, entspricht hellenistischem Sprachgebrauch (Schwyzer 1,405; Blaß-Debrunner § 21). Vgl. z.B. Gal 4,19 μέχρις οὗ; Hebr 12,4 μέχρις αἵματος (Bauer-Aland s.v. μέχρι).

56 ὑμεῖς δ': Der vorangehende Satz wird gedanklich gewissermaßen in die direkte Rede einbezogen.

ἀνὴρ πολιτικός: Vgl. Ps. Plat. def. 415c πολιτικὸς ἐπιστήμων πόλεως κατασκευῆς. An unserer Stelle ist deshalb wohl weniger der "Mann aus der Straße" (Syk. Mon. 38) gemeint, sondern mit Döring (Sok. 123; vgl. auch Orelli 166) ein politisch interessierter und engagierter Vater, der die gesetzlichen Verpflichtungen seinen Kindern gegenüber sehr wohl kennt und dementsprechend ungehalten (Z. 56 ἀγανακτῶν) auf Forderungen reagiert, die darüber hinausgehen. Diesen ἀνὴρ πολιτικός bzw. dessen Argumentation hat der Verfasser wohl nicht für die vorliegende Briefsituation ersonnen, sondern "in einem anderen Zusammenhang (in einer Diatribe?) vorgefunden und für sein Elaborat benutzt" (Syk. Mon. 38f.); vgl. auch Kommentar zu ep. 6,8,61 σκαιῶς.

56f. πρὸς τοὺς ... ἐπιθυμοῦντας: Stellung wie Kontext legen es nahe, den Ausdruck mit Obens (51) in erster Linie auf das unmittelbar vorausgehende Partizip ἀγανακτῶν zu beziehen (und weniger auf εἴποι wie die Übersetzungen). Die Verbindung ἀγανακτέω πρός τινα ist bei kaiserzeitlichen Autoren gut belegt, z.B. Dion Chr. 13,7.43; Plut. Cam. 28,5; Diog. Oin. 68; Dio Cass. 49,33,1. 63,10,1.

57 υἱεῖς: Vgl. Z. 82 (υἱεῖς). 87 (υἱεῖ). Im klassischen Attisch werden wie bei Homer fast ausnahmslos nur Nom., Akk. und Vok. Sg. nach der 2. Deklination gebildet, dann aber (inschriftlich seit 350 v. Chr.) die o-Formen auch auf das ganze Paradigma ausgedehnt, so daß seit hellenistischer Zeit υ(ἱ)ο- überall vorherrscht (Schwyzer 1,574; vgl. Kühner-Blaß 1,506ff.). Erst der Attizismus nimmt die Formen der 3. Deklination wieder auf (Schmid 3,27; vgl. Thom. Mag. p. 367 Ritschl).

κληρονομεῖν: Der absolute Gebrauch des Verbums ist selten und kommt wohl auch erst bei hellenistischen und kaiserzeitlichen Autoren vor, z.B. Philod. mort. 24 Bassi; Dio Cass. 59,15,1 (vgl. allerdings Plat. leg. 923e v.l.).

ἀφέξεσθαι: Mit pers. Gen. wie seit Homer (Od. 19,489). Vgl. z.B. Plut. mor. 97d; Lukian. dial. mort. 14,4 (beide Male vom Verhalten Alexanders des Großen den Angehörigen des Dareios gegenüber).

58 τεθνεῶτα: Sc. με. Vgl. zu ep. 1,10,82 διδόναι καὶ παρακαλεῖς.

59 θανάτου ... βιοῦντες: Um den Stellenwert einer vita activa zu unterstreichen, versteigt sich der Autor zu einer Hyperbel, für die es keine Parallele gibt. Dazu paßt, daß neben dem Komparativ ἀπρακτοτέραν auch die Verbindung dieses Adjektivs mit ζωή sowie der Ausdruck ζωὴν βιοῦν nur hier vorzukommen scheinen; häufiger belegt finden sich dagegen die Varianten βίον ζῆν (z.B. Hom. Od. 15,491; Aristot. gen. an. 736 b 13) bzw. βίος ἀπράγμων (z.B. Dem. 10,70; Plut. Pyrrh. 20,6).

60 ἐξαρκέσει: Möglicherweise in ἐξαρκέσει<ν> zu ändern. Die Konstruktion würde dadurch an Ausgewogenheit gewinnen (τὰ μὲν ἐμὰ περιττεύειν - τὰ δ' ὑμέτερα ... ἐξαρκέσει<ν>), vor allem aber die Argumentation an Schärfe. Der beschriebene Zustand erschiene dann nicht nur als bloße Tatsache, was allein schon schlimm genug wäre; er entspräche darüber hinaus auch noch voll und ganz den Vorstellungen der Söhne. - ἐξαρκεῖν εἴς τι wie Lys. 19,55.

61 σκαιῶς: 'ungeschliffen, derb' (vgl. Thom. Mag. p. 335,3 Ritschl) wie Aristoph. vesp. 1183. eccl. 644. Pl. 60; Polyb. 7,5,6; Philod. acad. hist. X 12 p. 130 Dorandi; Plut. mor. 739e. - "Interessant ist, wie der Verfasser des Briefes hier ein Argument einarbeitet, das er von der Sache her für gut geeignet hielt, das ihm aber hinsichtlich der Form nicht zum ἦθος seines Sokrates zu passen schien" (Döring Sok. 123 A. 26; vgl. auch Syk. Mon. 38).

61f. χρήσεται τοῖς λόγοις: "periphr. for the verb derived from the noun" (LSJ s.v. χράω C III 2). Vgl. z.B. Xen. Kyr. 1,4,4; Plat. leg. 836c; Plut. mor. 612e; Dio Cass.1 fr. 1,2 Boissevain.

62 παρρησίαν ἄγων: Der Ausdruck häufig bei hellenistischen und kaiserzeitlichen Autoren, z.B. Diod. 12,63,2. 14,65,4.66,5. 19,48,5. 20,79,3; Philod. lib. p. 41,5 Olivieri; Ps. Plut. mor. 14a (ähnlich ep. 1,3,26 οὐκ ἄγω σχολήν; 7,4,32 ἄγουσιν ἡσυχίαν). - Die Verbindung πατρικὴν παρρησίαν wie Plut. mor. 802f. (ähnlich Dio Cass. 57,2,5 παρρησία ... πατρῴα); mit πολιτική verbunden scheint παρρησία dagegen nur an unserer Stelle vorzukommen.

τὰ δ' ἐμὰ: "almost periphr. for ἐγώ" (LSJ s.v. ἐμός II 3; vgl. Schwyzer 2,175). Der ursprünglich dichterische Ausdruck (Kühner-Gerth 1,267) ist "offenkundig ἐκεῖνος μὲν im vorangehenden Satz gegenübergestellt" (Döring Sok. 123 A. 26); er darf deshalb nicht mit den Übersetzungen im Sinne von 'mein Besitz' interpretiert werden (vgl. Kommentar zu Z. 63 τῶν τούτου).

εἵνεκα: Häufig wie hier in der Bedeutung 'was anbelangt, soweit es ankommt auf'

(Kühner-Gerth 1,462; LSJ s.v. I 2). Die ion. Form wie Plat. leg. 778d. 916a. 949d; Anaximen. rhet. Alex. 1422 b 22; sehr häufig bei Demosthenes (z.B. 1,28; 3,14), danach wohl erst wieder bei dem Attizismus nahestehenden Autoren (z.B. Plut. Nik. 14,5; Arr. anab. 3,2,2; Lukian. vit. auct. 24); "not uncommon in codd. of later writers" (LSJ s.v. ἕνεκα; vgl. Bauer-Aland s.v.).

63 ἐπιεικέστερα: Das Wort kann hier "nicht, wie man immer wieder angenommen hat, 'bescheidener, ärmlicher' heißen" (Döring Sok. 123 A. 26 mit Verweis auf die betreffenden Übersetzungen bzw. Interpretationen; vgl. Kommentar zu Z. 63 τῶν τούτου), sondern muß die Bedeutung 'versöhnlich, zurückhaltend, gemäßigt' haben, die seit Herodot belegt ist (LSJ s.v. III 1.3; Bauer-Aland s.v.). Vgl. Philod. lib. p. 45,8f. Olivieri παρρησίαν ἦγον ἐπιεικῶς πρὸς τοὺς ταπεινοτέρους.

τῶν τούτου: Mit Rehm ("mea - illius ratio"; Köhler im App. z. St.) Entsprechung zu Z. 62 τὰ δ' ἐμά. Das überlieferte πλουτούντων (seinetwegen die unzutreffenden Interpretationen von Z. 62f. τὰ δ' ἐμά ... ἐπιεικέστερα) ist korrupt (Döring Sok. 123 A. 26).

ἀποστατεῖν: Mit πόρρω wie ähnlich schon Aischyl. Eum. 65 (πρόσωθεν).

65 κτῆμα ... φίλους: Vgl. Hdt. 5,24,3 κτημάτων πάντων ἐστι τιμιώτατον ἀνὴρ φίλος. Weitere Parallelen bei Syk. Mon. 39 A. 1; Pavlu (406) weist auf Sall. Iug. 10,4 (Rede des Micipsa) hin. Vgl. auch ep. 1,3,24 φίλους ... πολλὰ καὶ τῶν ἰδίων ἡμῖν προέσθαι.

ἐπιεικεῖς: Hier (anders Z. 63) 'rechtschaffen, anständig, ordentlich'; vgl. z.B. Aristot. poet. 1452 b 34 (LSJ s.v. II 2 b).

φυλάττοντες: Mit pers. Akk. wie Xen. vect. 4,21 ἀνθρώπους καὶ κτήσασθαι καὶ φυλάξαι.

ἐλλειφθήσονται: Die ungewöhnliche Form (passive statt medialer Endung) dürfte in Analogie zum Synonym δέομαι gebildet sein, das bei späteren Autoren (z.B. Plut. mor. 213c) auch ein Futur δεηθήσομαι (neben klass. δεήσομαι) bilden kann (LSJ s.v. δέω B; Bauer-Aland s.v. δέομαι). - Zur Konstruktion (wie Dio Cass. 43,32,7 τῆς τροφῆς ἐνελείποντο) vgl. Kühner-Gerth 1,396.398; Schwyzer 2,101.

66 μεταχειρίσαντες: Im Aktiv wie stets bei Thukydides, z.B. 1,13,2 μεταχειρίσαι τὰ περὶ τὰς ναῦς. Häufiger das Medium (LSJ s.v.).

67 χρήματα ... διοικήσουσιν: Ähnlich Dem. 20,33 τάλαντ' ἃ ... διῴκησε.

68 ὀλιγωρίας: Mit gen. subi. (ἐνίων) wie Polyb. 7,15,2; Dio Cass. fr. 57,62 Boissevain (Z. 88 ἐκείνου dagegen gen. obi.).

φαύλως ... βεβουλεῦσθαι: Ähnlich schon Aischyl. Pers.520 (ἐκρίνατε); Aristoph. vesp. 656 (λόγισαι).

δόξω: Futur statt Potentialis (wie Z. 89). Vgl. zu ep. 1,2,18 δωσόντων.

69 ὅρα: Köhlers Imperativ (wie Z. 88f. ὅρα οὖν, εἴ σοι δόξω) wird dem Gedankengang wohl eindeutig besser gerecht als der Vorschlag ἐρῶ (Allatius, Hercher) oder das überlieferte ὁρῶ, das sich zwar als (med.-pass.) Imperativ interpretieren ließe, trotz aller Vorliebe von Autoren der Koine wie des Attizismus für das Medium als dem vermeintlich eleganteren und attischeren Genus verbi (Schmid 4,616f.) sonst allerdings nirgends belegt zu sein scheint und deshalb wohl selbst dem manierierten Stil des Verfassers besser nicht zugemutet werden sollte.

70 αὐτῶν προνοοῦσιν: Weil man sich schlecht um jemanden kümmern kann, der bereits tot ist, verlangt unsere Stelle ein sächliches Genitivobjekt (etwa τῶν πραγμάτων), das sich aus dem Kontext leicht ergänzen läßt.

ἔπειθ': Vgl. Kommentar zu ep. 1,6,45.

71 τούτων: Der Genitiv ist korrekt (vgl. Kühner-Gerth 1,371f.; Bauer-Aland s.v. εἰμί), Herchers Konjektur also nicht zwingend. Allerdings wäre zu überlegen, ob nicht besser τ<ῶν τοι>ούτων geschrieben werden sollte. - Zum Inhalt vgl. Xen. mem. 1,2,8 (Syk. Mon. 39 A. 3).

οὐ φορτικῶς: Sokrates' Freunde verhalten sich also nicht wie der Z. 24f. beschriebene Pöbel.

72 τότε: Sc. τετελευτηκότος ἐμοῦ; das Adverb (ähnlich Z. 80) also "of a future time" (LSJ s.v. I 1; vgl. auch Kühner-Gerth 2,83).

οὐχ ἧττον: Der Ausdruck galt als attisch elegant (Schmid 4,498).

ἀπολαύοντας ὠφελείας: Diese Wortfolge beseitigt die kaum erträgliche Stellung von οὐχ ἧττον in der Überlieferung und entspricht der ausgeprägten Vorliebe des Verfassers für Hyperbata mit der charakteristischen Stellung des Verbs zwischen Attribut und Substantiv. Vgl. z.B. ep. 1,1,3 τὴν ἐμὴν συνιέναι γνώμην; 1,12,99f. τὸν λοιπὸν ἔζη βίον; 3,4 οὐ πολλοῦ αὐτὰ δεήσειν χρόνου; 6,2,11f. τὸν ἄλλον προσεπιθεωρεῖν βίον; 7,1,2

f. τὴν γὰρ αὐτὴν ὑπολαμβάνεις γνώμην (Obens 64). - ὠφέλεια παρά τινος wie Dem. 15,32; Dio Cass. 7 fr. 25,1 Boissevain. 49,6,2. Vgl. zu Z. 8 παρὰ ζώντων.

72ff. τῆς μὲν οὖν κτλ.: Affektierte Wortfolge in verschnörkelt-geschraubter Form, die "den Charakter des stilistischen Spiels deutlich zur Schau trägt" (Imhof 80 zu ep. 1,5, 36ff.). In gewohnt parallel-antithetischer Manier wird aus ganz bescheidenem Motivmaterial (χάρις χάριν τίκτει; vgl. Soph. Ai. 522) eine Menge Text gewonnen und entsprechend der Vorliebe des Verfassers für Wortspiele variiert: τῆς μὲν οὖν ὀλιγοχρονίου χάριτος ... αἱ πολυχρόνιοι δὲ τῶν εὐεργεσιῶν (vgl. Imhof 75-77 zu ep. 1,1.2). Rein um der rhetorisch-stilistischen Pointe willen erscheinen die beiden Antithesenglieder im Numerus chiastisch aufeinander bezogen: χάριτος ... ἀμοιβὰς - εὐεργεσιῶν ... ἀμοιβήν.

73 ὀλιγοχρονίου: Zuerst bei Dichtern (Theognis, Mimnermos), in Prosa seit Herodot, Demokrit und Antiphon Soph. belegt (LSJ s.v.; Bauer-Aland s.v.). Neben πολυχρόνιος (in der Bedeutung 'lange andauernd' seit Herodot; LSJ s.v.) wie z.B. Aristot. poet. 1364 b 30; Philod. sign. 23 Gomperz; Dio Cass. 52,23,7.

χάριτος ... ἀμοιβὰς: Vgl. Diod. 1,90,2 τὴν ἀμοιβὴν τῆς ... χάριτος. Der Ausdruck dürfte dichterischem Sprachgebrauch entlehnt sein (vgl. Aischyl. Ag. 728f. χάριν ... ἀμείβων; Soph. El. 134 ἀμειβόμεναι χάριν).

74 εὐεργεσιῶν ... ἀμοιβήν: Vgl. Dio Cass. 53,4,1 ἀμοιβῇ τῶν εὐεργεσιῶν.

75 μαντεύομαι: 'glauben, gefühlsmäßig vermuten' wie Aischyl. Ag. 1367; Plat. Krat. 411b. rep. 349a; Aristot. rhet. 1337 b 7.

προκόπτουσι: Vgl. Herm. in Phaedr. 60a (3,24 Couvreur) ὁ μὲν προκέκοφεν, ὁ δὲ νέος ἐστιν· ἧλιξ γὰρ ἥλικα τέρπει; mit ἡλικίᾳ verbunden ('to be advanced in years'; LSJ s.v. προκόπτω II 3b) bereits seit hellenistischer Zeit (vgl. SIG 2,708,18 [2. Jh. v. Chr.]; Lk 2,52).

76ff. διόπερ ... τῶν ἰδίων: Der Satz verdeckt in kaum erträglicher Weise die enge Beziehung zwischen den mit τὰ δ' ἐμὰ (Z. 75) und παλαιούμενα γὰρ (Z. 78) eingeleiteten Ausführungen; auch als Begründung vermag er weder hier noch an anderer Stelle (etwa am Ende von § 9) zu überzeugen. Man kann sich des Eindrucks nicht erwehren, als habe der Verfasser diese auf Xen. mem. 1,2,7.6,13 zurückgehenden Gedanken (Syk. Mon. 39 A. 2) unbedingt verwerten wollen, ohne sie freilich überzeugend in den Zusammenhang einbinden zu können. Vgl. Komm. zu 6.8.61 σκαιῶς.

76 διόπερ οὐδὲ: Entsprechend der beliebten Verbindung διὸ καί wie ähnlich z.B. Lk 7,7 διὸ οὐδὲ (Blaß-Debrunner § 451,5).

εἰσπράττομαι: Medium statt Aktiv (wie ep. 1,2,14f. τοὺς βουλομένους ... ἀργύριον εἰσπράττω) ohne Unterschied in der Bedeutung (LSJ s.v.). Vgl. Diod. 13,47,7. 20, 101,1; Plut. mor. 850c χρήματα τῶν λόγων εἰσπραττόμενος; Lukian. par. 52 ὁ ... μισθὸν σοφιστεύων εἰσπράττομαι τοὺς μανθάνοντας.

ἀντικατάλλαγμα: Das Wort scheint nur bei Flavius Josephus (AJ 15,315) und Onosander (34,4) sowie in patristischer Literatur (Lampe s.v.) belegt zu sein.

77 πλὴν φιλίαν: Akk. statt Gen. nach πλήν (Kasusattraktion; Schwyzer 2,542), da φιλία von ἔχω her parallel zu πρέπον ἀντικατάλλαγμα konstruiert wird.

κἀγώ: Vgl. zu Z. 20 κἀκεῖνοι.

78 τῶν ἰδίων: Vgl. zu ep. 1,3,24.

παλαιούμενα ... νέα γίνεται: Oxymoron wie ähnlich Ps. Plut. mor. 5e μόνος γὰρ ὁ νοῦς παλαιούμενος ἀνηβᾷ καὶ ὁ χρόνος ... τῷ γήρᾳ προστίθησι τὴν ἐπιστήμην (Syk. Mon. 39 A. 3). - Mit παλαιούμενα (sc. τὰ ἐμὰ Z. 75) ist konkret die Z. 77 genannte φιλοσοφία gemeint.

πρὸς γῆρας: 'im Alter' (ohne Artikel; vgl. Taylor 22f.) wie Pind. Nem. 944; Eur. Med. 592; ähnlich Pind. Ol. 1,67 πρὸς εὐάνθεμον φυάν (Schwyzer 2,512).

79 ἀναθεωρεῖσθαι: Seit Theophrast (z.B. hist. plant. 1,5,1) gut belegt (vgl. Bauer-Aland s.v.).

φιλεῖ: Mit unpersönlichem Subjekt (τὰ δ' ἐμὰ Z. 75) wie ähnlich Thuk. 4,125,1 (στρατόπεδα ... ἐκπλήγνυσθαι).

μαθόντων: Aorist statt Präsens (so z.B. Xen. mem. 1,2,17 τοῖς μανθάνουσιν) zur Betonung der bereits abgeschlossenen 'Handlung' korrekt.

στέργεται: Häufig im Zusammenhang der "mutual love of parents and children" (LSJ s.v. I 1), auf die der gleich darauf folgende Ausdruck ὁ γεννήσας αὐτὰ πατὴρ dann auch tatsächlich anspielt: das Verhältnis der Sokratesschüler zur Philosophie bzw. zu deren Lehrer wird als das von Eltern ihren Kindern gegenüber charakterisiert.

80 ὁ γεννήσας ... πατήρ: Gesuchte Wortfolge wie Soph. El. 1412; Plat. Tim. 37c (Taylor 23).

ἐπιποθεῖται: Bereits klassisch (vgl. Hdt. 5,93,1; Plat. leg. 855e). Als Hintergrund der Stelle kommt möglicherweise Xen. mem. 4,8,11 in Betracht (Syk. Mon. 40 A. 1).

81 ἀπολελοιπώς: 'hinterlassen' mit pers. Objekt wie Polyb. 36,16,5; Plut. mor. 174f.; POxy. 105,3 (2. Jh. n. Chr.).

82 ὡς υἱεῖς ἢ ἀδελφοί: Ähnlich Hippokr. iusiur. (p. 8,6f. Müri) γένος τὸ ἐξ αὐτοῦ ἀδελφοῖς ἴσον ἐπικρινέειν ἄρρεσι. Vgl. zu ep. 1,3,24 προέσθαι.

εὔνοιαν: Mit εἰς c. acc. wie Thuk. 2,8,4; Dem. 18,54.

ἐνδεικνύμενοι: Mit εὔνοιαν (schon Antiph. 5,76; Aristoph. Pl. 785; Dem. 21, 145) Formel zahlloser εὐεργέτης-Inschriften.

83 ἕτερον συγγενείας: Zum Genitiv nach ἕτερος vgl. LSJ s.v. III 1; Kühner-Gerth 1, 401.

συγγενείας ... κατὰ φύσιν: Vgl. Z. 85f. τοὺς κατὰ γένος προσήκοντας ... τὸ γὰρ ἐν τῇ ψυχῇ συγγενές. Ähnlich Polyb. 3,9,6.12,3. 11,2,2; Röm 9,3 οἱ συγγενεῖς μου κατὰ σάρκα.

συνηρτημένοι: Seit Euripides (Med. 564 ξυνηρτήσας γένος) gut belegt (vgl. LSJ s.v.). Ein Doppelkompositum συναναρτάω scheint dagegen nur Dio Cass. 38,24,4 (codd.: συνανήρηται Reiske) überliefert zu sein; in G (συνανηρτημένοι) ist es vermutlich auf die Verwechslung von συν- und ἀν- in einer Minuskelhandschrift zurückzuführen.

84 παρεξιέναι: In der hier geforderten Bedeutung ('links liegen lassen'; vgl. Z. 85 ὑπερορᾶν) mit pers. Akk. (πράττοντα αὐτὸν) wohl ohne Parallele; gut belegt dagegen in poetischer Diktion die Verbindung mit einem Akk. der Sache, z.B. Hom. Od. 5,104; Hymn. Hom. Dem. 478; Aischyl. Prom. 551; Soph. Ant. 60. - Vgl. ep. 1,3,23 περιόψονται ἡμᾶς ἀπορουμένους.

85 κατὰ γένος προσήκοντας: Wie Polyb. 4,35,13; Plut. Thes. 19,9. Galba 3,2. Vgl. Z. 83 συγγενείας τῆς κατὰ φύσιν.

85f. τὸ ... συγγενές: Statt ἡ συγγένεια wie Aischyl. Prom. 290; Soph. El. 1469; Thuk. 3,82,6.

86 ἅτε: Hier nicht kausale Bestimmung des Partizips γεγενημένον, sondern Einleitung des Vergleichs zwischen ἀδελφὸν (Z. 88) und σφᾶς (Z. 89). Vgl. Kühner-Gerth 2,490f.; LSJ s.v. I.

γεγενημένον: Vgl. Eur. Iph. Aul. 406 πατρὸς ἐκ ταὐτοῦ γεγώς; Isokr. 5,136.

87 σφᾶς: Statt αὐτούς in att. Prosa nur sehr vereinzelt, häufig dagegen bei den Tragikern und seit hellenistischer Zeit (Kühner-Gerth 1,567; Obens 61).

υἱεῖ: Vgl. zu Z. 57 υἱεῖς.

ὑπομιμνῇσκον τοῦ πατρὸς: Ähnlich Hom. Od. 1,321 ὑπέμνησέν τε ἑ πατρός.

88 ἐκείνου: gen. obi. nach ὀλιγωρία im Unterschied zu Z. 68 ἐνίων (gen. subi.).

τιθέμενον: Im Unterschied zu ep. 5,2,14 (τιθέντες) das Medium vielleicht "in reference to mental action" (LSJ s.v. B II 1).

εἰ: 'ob etwa, ob vielleicht' mit ind. fut., wie εἰ ἄρα (Kühner-Gerth 2,323) "zum Ausdruck einer eine Handlung begleitenden Erwartung" (Blaß-Debrunner § 375).

89 τἀμαυτοῦ ... οἰκονομεῖν: Ähnlich Xen. mem. 3,4,12 τὰ ἴδια οἰκονομοῦντες.

τῶν παιδίων: Von ὀλιγωρεῖν (Z. 90) abhängig; Köhlers Einfügung von τὰ ist überflüssig (Cast. Gnom. 219).

ὅπως: Wegen ὀλιγωρεῖν (Z. 90), das wie οὐ φροντίζειν verwendet wird. Vgl. Dem. 18,32. 19,316; Aristot. pol. 1261 b 36 (Kühner-Gerth 2,374).

ὑστερήσωσι: In der Bedeutung 'ermangeln' mit Gen. seit dem 4. Jh. v. Chr. belegt (LSJ s.v. IV 1; Bauer-Aland s.v. 1b).

90f. οὐδὲ ... ἀλλὰ καὶ: Wohl zum Ausdruck einer Steigerung (vgl. Kühner-Gerth 2,261, auch Pavlu 404) wie ähnlich καὶ μὴ ... ἀλλὰ καὶ (Thuk. 4,92,4; Is. 7,12). Sykutris' Umstellung (τοὺς καὶ) ist demnach nicht zwingend.

91 καταστησάμενος: Sc. υἱέας καὶ ἀδελφούς; trotz des Fehlens einer Wiedergabe in allen Übersetzungen nicht unbedingt mit Schäfer und Hercher (nach P) als redundant zu streichen. Zu erwägen ist allerdings, ob nicht vielleicht besser καταστησομένων geschrieben werden sollte, das sich in der Bedeutung 'reifen, ins reifere Alter gelangen' gut mit dem vorausgehenden αὐτῶν ἐκείνων verbinden ließe. καθίσταμαι ist in dieser Bedeutung bei klassischen Autoren bereits vorgebildet (vgl. Thuk. 2,36,3; Plat. ep. 3,316c; Aristot. hist. an. 632 a 9. EE 1236 a 2.4) und seit hellenistischer Zeit häufiger belegt (Schmid 1,160); vgl. vor allem Philostr. VS 2,27,5 (p. 118,31 Kayser) ὁρῶ αὐτὸν ἔννουν καὶ καθεστηκότα. Her. 7,5 de L. ποιητικὴ ... καθισταμένη τε ἄρτι καὶ οὔπω ἡβάσκουσα. 38,3 de L. καθεστηκότι δὲ ἐῴκει.

93 ὑπὸ: Der Gebrauch von ὑπό c. gen. zur Bezeichnung einer Ursache (wie ep. 7,4, 34) nimmt etwa seit Aristoteles stetig ab und ist in der Koine fast völlig verschwunden; erst bei den Attizisten läßt er sich dann wieder häufiger nachweisen (Schmid 4,467.631).

εἰς τὴν ἡμέραν ταύτην: Ähnlich Hdt. 1,52.92,1 ἐς ἐμὲ und im NT, z.B. 2 Tit 1,12 εἰς ἐκείνην τὴν ἡμέραν (Bauer-Aland s.v. εἰς 2aα).

ἱστορεῖται: Mit Partizip wie Strab. 10,3,4; Gal. in Hipp. epid. 1 comm. prooem. 9f. (CMG V 10,1; p. 8,19 Wenkebach) ἱστορεῖται καὶ τοῦτο γεγονός. Vgl. zu ep. 1,2,14.

94 δόκιμος ... δοκίμου: Mit φίλος 'bewährt, erprobt' (z.B. Demokr. VS 68 B 67; ähnlich Plut. mor. 65b), mit χρυσίου dagegen 'ungefälscht' (z.B. Dem. 35,24; ähnlich Epikt. 1,7,6 δραχμὰς δοκίμους). Die Übersetzung mit 'echt' kann das Wortspiel auch im Deutschen nachahmen.

αἱρετώτερος: Häufig wie hier im Komparativ (LSJ s.v. II 1; Bauer-Aland s.v.).

95 ὀρεγομένοις: Abs. wie Emp. VS 31 B 129,4; Aristot. EN 1113 a 12; Apoll. Rhod. 2,878.

96 τὰς τοῦ βίου χρείας: Wie Gemin. elem. astronom. 1,21 Manitius; Philon dec. 99; Ios. AJ 13,225. BJ 6,390 (Bauer-Aland s.v. χρεία 2a); ähnlich Philod. vit. 7 Jensen ἐν τῶι βίωι. Anders ep. 1,5,40f. αἱ τῆς πατρίδος χρεῖαι.

97 θεραπεύει: 'achten auf, sich kümmern um' mit ψυχή wie Plat. Krat. 440c; die Verbindung mit χρεία scheint dagegen singulär zu sein.

εἰς ἀρετῆς λόγον: Wie Dem. 19,142; ähnlich Thuk. 3,46,4 ἐς χρημάτων λόγον; Polyb. 11,28,8 (vgl. Schmid 2,182f.).

ἧς χωρὶς οὐδέν: Unübliche Stellung der Präposition wie Hebr 12,14 οὗ χωρὶς οὐδείς; Dio Cass. 57,22,4. 67,11,2. Vgl. Blaß-Debrunner § 216,2. 487; Schmid 1,419. 2, 64.95. 3,161. 4,96.

οὐδὲν τῶν ἀνθρωπίνων: Ähnlich Epikur. fr. 217 Us. (τι τῶν ἀνθρωπίνων).

ὀνίνησι: Absolut wie schon Homer (z.B. Il. 8,36); vgl. LSJ s.v. I.

98 συμβάλλεται: 'dienlich, förderlich sein' (vgl. LSJ s.v. I 9; Bauer-Aland s.v. 2) wie z.B. Hdt. 4,50,1 (ἐς πλῆθος); Thuk. 3,45,6 (ἐς τὸ ἐπαίρειν); ähnlich Xen. Kyr. 2, 4,21 (πρὸς τὸ λανθάνειν).

98f. ἀκριβὲς ... ἐπισκεψόμεθα: Vgl. Plat. Phil. 58c τἀκριβὲς ... ἐπισκοπεῖ; ähnlich Tim. 23e τὸ δ' ἀκριβὲς περὶ πάντων ἐφεξῆς εἰς αὖθις κατὰ σχολὴν ... διέξιμεν.

98 πέρι: Stellung und Anastrophe wie häufig bei περί in attischer Dichtung und Prosa (Kühner-Gerth 1,554) und dann wieder seit Dionysios von Halikarnaß; ungebräuchlich in der Koine (Schmid 1,247. 3,90. 4,96; vgl. auch Obens 71).

καὶ: '(auch) noch'; vgl. Kühner-Gerth 2,254.

κατ' ὄψιν: 'in person' (LSJ s.v. ὄψις II 2); in dieser Bedeutung wohl erst seit dem 1. Jh. n. Chr. belegt. Vgl. POxy. 1154,4 (1. Jh. n. Chr.); Plut. Arat. 20,2. Lyk. 1,4; POxy. 117,3 (2./3. Jh. n. Chr.).

99 ἀρκεῖ: Mit πρός c. acc. wie häufig bei Cassius Dio (z.B. 49,31,3. 52,18,5). Ähnlich Xen. Kyr. 8,2,5 (εἰς); Plat. rep. 369d (ἐπί).

καὶ: '(auch) nur, (auch) schon'; vgl. Kühner-Gerth 2,254.

100 μετρίως: 'ausreichend, einigermaßen' (LSJ s.v. μέτριος B 2; Bauer-Aland s.v. μετρίως); vgl. vor allem Aristoph. eccl. 969 μετρίως πρὸς τὴν ἐμὴν ἀνάγκην εἰρημένα.

Siebenter Brief

Der Brief ist an Chairephon gerichtet (Syk. Mon. 27.42. Unhaltbar demgegenüber Scherings [16] Überzeugung, Adressat sei Xenophon), der - so die Fiktion des Verfassers - in einem Brief aus seinem Verbannungsort Theben Sokrates darum gebeten hatte, in einer nicht näher bezeichneten Angelegenheit auf die Dreißig einzuwirken. Sokrates antwortet im ersten Teil unseres Briefes, daß er dazu nicht mehr in der Lage sei, weil sich das Verhältnis der Dreißig zu ihm seit Chairephons Flucht deutlich verschlechtert habe (vgl. zu Z. 3 γνώμην ... εἶχον). In einem zweiten Teil unterrichtet er den Adressaten davon, daß die Chancen zur Wiederherstellung der Demokratie in Athen "günstig seien, um ihn mit dieser Mitteilung zur Tat aufzurufen" (Döring Sok. 116). Der Brief verbindet den Typus des Antwortschreibens (vgl. Ps. Lib. char. epist. 23 Foerster = 19 Weichert; ähnlich Ps. Demetr. form. epist. 14 Weichert) mit einer παραθαρρυντική (vgl. Ps. Lib. 36 Foerster = 32 Weichert; ähnlich Ps. Demetr. form. epist. 10 Weichert), repräsentiert also insgesamt (wie ep. 5 und 6) den Typ der μικτή (vgl. Ps. Lib. 45 Foerster = 41 Weichert).

2 ἐπιστέλλειν: 'give orders in writing' (LSJ s.v. 2; Bauer-Aland s.v.), vgl. Ammon. adfin. vocab. diff. 181. impr. 37 ἐπιστεῖλαι μὲν διὰ γραμμάτων, ἐπισκῆψαι δὲ διὰ λόγων; in dieser Bedeutung seit Theophrast (char. 24,13) belegt, z.B. Apg 21,25 (περὶ ... ἐθνῶν); Eur. ep. 2,16 Gößwein; Arr. anab. 1,29,3. 2,14,9. 7,18,1. Einzelheiten der Aufträge brauchen nicht eigens genannt zu werden, da der ganze Abschnitt lediglich dazu dient, die bekannte Leonepisode (Xen. Hell. 2,3,39; Plat. apol. 32c) einzuleiten; sie gehört zu den häufiger vorkommenden Socratica (Döring Sok. 173).

3 ὑπολαμβάνεις: "frq. of an illgrounded opinion" (LSJ s.v. III). Vgl. Antiph. 3,3, 2; Plat. Prot. 343d; Aristot. metaph. 1010 b 10; Apg 2,15.

γνώμην ... εἶχον: Mit πρός c. acc. fast in der Bedeutung 'jemandem zuneigen' wie Thuk. 5,44,1.48,3; Lib. ep. 1293,1 γνώμην ἔχω πρὸς σὲ τὴν πρὸ τῆς ὀργῆς; ähnlich Paus. 7,6,4 ἐς τοὺς Ἀθηναίους; Lib. ep. 533,2 εἰς ἡμᾶς. - Von solch einem guten Verhältnis der Dreißig zu Sokrates ist in den uns erhaltenen Quellen nirgends die Rede. Gewisse Äußerungen des Philosophen (z.B. Xen. mem. 4,6,12) könnten allerdings dazu geführt haben, ihm eine antidemokratische Haltung zu unterstellen (vgl. Guthrie 3,411 ff.). In den Augen der Dreißig - so vielleicht die Überlegung des Verfassers - hätte Sokrates deshalb möglicherweise in die Nähe eines potentiellen Sympathisanten rücken können.

ἀπόντος: Ohne σου (BAGB 93; Cast. Gnom. 219), das sich ohne weiteres aus dem Zusammenhang ergänzen läßt (vgl. Kühner-Gerth 2,81f.; Schwyzer 2,400f.; Blaß-Debrunner § 423) und dessen Wiederholung zu einem Gleichklang geführt hätte, der gewöhnlich vermieden wird (Kühner-Gerth 2,564; Schwyzer 2,708). Vgl. zu ep. 1,10,82 διδόναι καὶ παρακαλεῖς.

4 φυλάττειν: In übertragener Bedeutung seit Homer (z.B. Il. 24,111; LSJ s.v. B 3), speziell mit τὴν αὐτὴν γνώμην wie Gal. plac. 8,9,20 (CMG V 4,1,2; p. 536,26 de Lacy. Ähnlich Lib. ep. 1270,1 διατηρῆσαι).

ἀποχώρησιν: Dem Freund gegenüber das beschönigende Synonym für φυγή (Plat. apol. 21a). Vgl. Thuk. 5,73,4; Xen. Hell. 5,4,42; Polyb. 2,18,8.53,5. 3,64,7; Diod. 19,109,4; Plut. Mar. 23,6.

5 λόγος ἐν αὐτοῖς διῆλθεν: Üblicherweise ohne Präpositionalausdruck, z.B. Thuk. 6,46,5; Xen. an. 1,4,7; Plat. ep. 7,348b; Lk 5,15; Plut. Ant. 49,4. Unserer Stelle am nächsten wohl Plat. ep. 7,329c (ἐν Συρακούσαις); Arat. 100f. λόγος ... ἐντρέχει ... ἀν-θρώποις (vgl. auch Soph. Ai. 999 βάζις ... διῆλθ' Ἀχαιούς). Mit ὡς (Präposition wie ep. 5,1,3. 7,4,36) scheint die Wendung dagegen nicht belegt zu sein und ist an unserer Stelle wegen der fast unmittelbar darauf folgenden Konjunktion ὡς auch wenig wahr-scheinlich; zu erwägen wäre allenfalls, ob nicht ein verstümmeltes ἐ<ς> zugrunde liegt (vgl. Plut. Alk. 2,6 εἰς τοὺς παῖδας; ähnlich Dio Cass. 76,16,2 ἐς τὰς πόλεις ... θροῦς διῆλθεν ὡς ...).

Σωκράτους: Nicht unbedingt mit Obens (74) archaisierende Genitivendung, da der seit ca. 350 v. Chr. nach Σωκράτης/-ην (vgl. zu 1,1,5) gebildete Gen. Σωκράτου (Küh-ner-Blaß 1,513; Schwyzer 1,579) die attische Form auf -ους nie verdrängt hat (vgl. Gi-gnac 2,21f.).

6 ταῦτ': Sc. die Ereignisse im Zusammenhang mit der Flucht des Chairephon und seiner Freunde (vgl. Syk. Mon. 42; Pavlu PhW 404).

εἴη: Vgl. zu ep. 6,4,30.

πεπραγμένα: 'zustande kommen' wie Dem. 3,7. 18,162 (vgl. Wankel 1,214 zu Dem. 18,20).

ἀνακαλεσάμενοι: Trotz Plat. apol. 32c (μεταπεμψάμενοι) gut gewählt (Pavlu PhW 404). Vgl. Xen. Hell. 7,4,33 (εἰς τοὺς μυρίους); Polyb. 4,4,2 (εἰς τὰς συναρχίας). 20, 11,10 (εἰς Ῥώμην).

7 ἐμέμφοντο: Mit περί c. gen. wie Isokr. 16,19; Dem. 19,93. Ähnlich Diod. 13,31, 5 (ὑπὲρ ὧν).

ἐμοῦ ἀπολογουμένου: Gen. abs. statt participium coniunctum. Vgl. Kühner-Gerth 2,110f.; Schwyzer 2,399f.; Blaß-Debrunner § 423,1.

8 Λέοντα: Indiz für die Unechtheit des Briefes (falls es dessen bedarf), da die Ereig-nisse um Leon vor der Flucht Thrasybuls nach Theben liegen (Bentley 543). Zu den Quellen dieser Erzählung und der Art und Weise ihrer Verwertung durch den Verfasser vgl. Syk. Mon. 42-43.

<ἡ> γνώμη: Der Artikel wie Thuk. 1,62,3 ἦν δὲ ἡ γνώμη τοῦ Ἀριστέως; ähnlich 8, 90,3 ἦν δὲ τοῦ τείχους ἡ γνώμη.

9 αὐτοῦ σχεῖν: So nach Xen. Hell. 2,3,21 (ganz offensichtlich Vorlage unserer Stelle).

κοινωνὸν ποιεῖσθαι: Vgl. zu ep. 1,2,12 τὰς διατριβὰς ... ποιούμεθα.

11 παραιτουμένου: 'sich verbitten' (abs. wie Diod. 13,80,2); gut geeignet, die sokratische παρρησία hervorzuheben (Syk. Mon. 43). Ähnlich ep. 6,1,9 παραιτοῦμαι.

τοιοῦτον: Keine Hiatprophylaxe, sondern wie Z. 14f. τοσοῦτόν γε ... ὁπηλίκον die bei Homer ausschließliche und in attischer Prosa wie Dichtung häufigere Form des Neutrums (Kühner-Blaß 1,295.606; Schwyzer 1,406), die auch im Hellenismus noch sehr beliebt ist (Blaß-Debrunner 17-18.51).

12 ἐπιγραφείην: 'mitmachen, sich beteiligen' wie App. civ. 1,70 (ἔργοις) und in patristischer Literatur (Bauer-Aland s.v. 2). Ähnlich bereits Dein. 1,29 (ἐπὶ τοῖς ... ἀτυχήμασιν) und im Aktiv, z.B. Aischin. 3,167 σαυτὸν ἐπὶ τὸ γεγενημένον; Ael. NA 8,2 τοῖς ἀλλοτρίοις ἑαυτὸν πόνοις οὐκ ἐπιγράφων. - Wegen des Opt. (wie Z. 6 εἴη πεπραγμένα) vgl. zu ep. 6,4,30 εἴη.

καὶ ἰδίᾳ ἀγανακτήσας: "privatis etiam de rationibus mihi offensus" (Bremi bei Orelli 171 mit Verweis auf Xen. mem. 1,2,29ff.). Wegen des part. aor. allerdings wohl als Reaktion des Charikles auf Sokrates' Worte zu interpretieren (bei einer Anspielung auf das gespannte Verhältnis zwischen beiden Männern - so zuletzt Köhler - wäre ein part. praes. oder perf. zu erwarten) und deshalb vielleicht besser καὶ διαγανακτήσας zu schreiben.

15 ὁπηλίκον: Nach τοσοῦτόν γε (ähnlich Chion ep. 16,7 p. 74,30 Düring τηλικοῦτον ... ὅσον) emphatischer als z.B. ein mögliches ὅσον und deshalb gut geeignet, die kompromißlose Haltung des Sokrates zu unterstreichen.

16 οὐχ ὁμοίως ... διακεῖσθαι: 'nicht in gleicher Weise wohlgesonnen sein'; vgl. zu Z. 3. γνώμην ... εἶχον. Ähnlich Eur. ep. 5,77 Gößwein οὐχ ὁμοίως ... ἔχοντα; Alkiphr. 4,8,1 οὕτω με διακείμενον; Dio Cass. fr. 6,1ᵃᵃ Boissevain πρὸς τὴν γερουσίαν οὐχ ὁμοίως διέκειτο; abs. bei Philostrat (VA 1,7 διακείμενοι πρὸς τοὺς ἀνθρώπους. VS 2,10,1 ἀπὸ τοῦ διακειμένου) und in patristischer Literatur (vgl. Lampe s.v. 1).

17 περὶ δὲ ὑμῶν: Wohl nicht mit διήγγελλον zu verbinden, sondern besser in der Bedeutung 'betreffend, was anbelangt' wie ep. 6,1,4 (vgl. Komm. z. St.) Einleitung eines neuen Abschnitts.

παρόντες: Im perfekt. Sinn ('gekommen sein') seit hellenistischer Zeit (Bauer-Aland s.v. 1a; Blaß-Debrunner § 322,2), mit Ortsangabe bereits klassisch (vgl. LSJ s.v. I 5f.).

ἄχρι νῦν: Seit hellenistischer Zeit, vgl. z.B. LXX Gen 44,28; Plut. Rom. 15,3; Lukian. Tim. 39.

χωρεῖν: "Fortschritte machen, vonstatten gehen" (LSJ s.v. 2f.; Bauer-Aland s.v. 2) wie ep. 5,1,9 (τἀκεῖ). Vgl. Aristoph. Pax 509 (τὸ πρᾶγμα); Hdt. 3,39,3. 5,49,3; Thuk. 5,57,1. 7,50,3; Polyb. 28,17,12 (τὰ πράγματα κατὰ λόγον); Plut. Galba 10,1; Dio Cass. 48,54,7 (κατὰ γνώμην).

19 κατιοῦσι: Sc. ὑμῖν, vgl. zu ep. 1,10,82 διδόναι καὶ παρακαλεῖς. Die Bedeutung ('aus der Verbannung heimkehren') wie Aischyl. Ag. 1283; Hdt. 3,45,3. 5,62,2; And. 2,80; Plut. Dem. 27,7 (vgl. auch Schwyzer 2,476).

οἷοί τέ εἰσιν: 'wollen; bereit, geneigt sein' wie häufig bei Polybios (z.B. 3,90,5. 4, 79,6). Vgl. auch Ios. AJ 4,6,3; Plut. mor. 735c (codd.). - In derselben Bedeutung auch ohne τε. Vgl. Phot. Lex. p. 323,5 οἷος ἦν ἀντὶ τοῦ ἕτοιμος ἦν zu Lys. fr. 159 Sauppe = 62 Thalh. οἷος ἦν ἐξευρεῖν τὴν θύραν; Is. 8,21; Dem. 4,9; Ath. 8,345d (Antigonos Karystios); Diod. 15,19,2 (codd.). - Zum Moduswechsel (ἀποδέξαιντο ... εἰσιν) vgl. Kühner-Gerth 2,365f. (ähnlich ep. 3,6f. κινδυνεύσῃ ... ἔχοι).

20 ἐνταῦθα: Dem ebenfalls überlieferten ἐνθάδε vorzuziehen, da ἐνταῦθα in unserem Brief (wie ep. 5,1,4 τινες τῶν ἐνταῦθα) dem Bereich des politischen Gegners vorbehalten zu sein scheint (vgl. Z. 31 ἐνθάδε. 33 ἐνταῦθα).

λόγοις ... καὶ ὅτι: Vgl. zu ep. 1,8,60 πολλὰ ... καὶ ὅτι:

21 δυσελπιστότερα: Ursprünglich lyrisches Adjektiv (vgl. Plat. ep. 1,310a); in Prosa seit Epikur (fr. 470 Us.), z.B. Polyb. 1,87,1. 2,9,8; Plut. Fab. 17,5; Vett. Val. 2,41, 8. - Dafür häufig das ursprünglich ebenfalls lyrische δύσελπις, z.B. Aischyl. Ch. 412; Xen. Hell. 5,4,31. vect. 3,7; Aristot. EN 1116 a 2; Philon Abrah. 8,14; Plut. Fab. 26,4; Lukian. Herm. 69; Dio Cass. 14,57,1.

τῶν πρέσβεων: Gedacht ist wohl an jene Gesandtschaft, die (freilich erst im Anschluß an die Besetzung Phyles. Vgl. Xen. Hell. 2,4,28; Diod. 14,32,6) in Sparta um Hilfe nachgesucht hat (Syk. Mon. 43).

22f. πολέμοις ... μεγάλοις: Wortwahl (πόλεμος) und Sperrung unterstreichen die Absicht des Verfassers, "die Lage der Dreißig so kritisch wie möglich auszumalen" (Syk. Mon. 43. Vgl. auch Bentley 541: "... was nach Maß aussieht, ist dem Sophisten verhaßt ..."). Möglicherweise liegt der Stelle Xen. Hell. 2,4,29 (Παυσανίας ... φϑονήσας Λυσάνδρῳ) zugrunde. - Im Dativ von συνεστηκότας abhängig (vgl. Thuk. 4,55,2 ναυτικῷ ἀγῶνι. 96,2 κρατερᾷ μάχῃ) dem überlieferten Akk. wohl vorzuziehen.

22 καταλαβεῖν: "find on arrival" (LSJ s.v. II 2) wie Thuk. 8,65,2 τὰ πλεῖστα ... προειργασμένα; Plat. symp. 174d ἀνεῳγμένην τὴν ϑύραν; Aristot. top. 131 a 29 τι ὑπάρχον. Ähnlich ep. 5,1,2f. Πρόξενον δὲ καταλαβεῖν ... ὡρμηκότα.

24 παραδεδωκέναι: Mit ἐπί c. dat. wie Plat. Gorg. 456e. 457c; Dem. 49,9; Dio Cass. 60,13,2; Lib. ep. 1127,2.

25 τοῦτο μὲν γάρ: "It is ... difficult to decide whether μέν is to be taken as purely emphatic, or as suggesting an unexpressed antithesis" (Denniston 364). Zum Inhalt vgl. Xen. Hell. 2,3,42 (Syk. Mon. 44).

σφίσι: Die Verwechslung mit ἔφη wie ähnlich Polyain. Strat. 4,3,7 καὶ πάντα σφίσιν (φασιν codd.) αὐτοῖς ἐβιάζοντο; Ael. NA 17,17 σύνδεσμον σφίσιν (φησιν codd.) ἰσχυρότατον (D. Wyttenbach, Plutarchi Liber de Sera Numinis Vindicta, Lugd. Bat. 1772, p. 41).

26 ἐναγόντων: Sykutris' Konjektur (ἐπαγόντων) ist (vgl. Pavlu 404) nicht zwingend: vgl. Thuk. 6,61,1 (τῶν ἐχϑρῶν). 7,18,1 (τῶν Συρακοσίων καὶ Κορινϑίων); Arr. anab. 1,7,11 (ἐς τὸν πόλεμον); Dio Cass. 37,7,2 (οὔτε τὸν πόλεμον καίτοι πολλῶν ἐναγόντων ἀνείλοντο).

26f. αὐτοῖς τε: Das Überlieferte ist heil. Vgl. Thuk. 1,19 κατ' ὀλιγαρχίαν δὲ σφίσιν αὐτοῖς μόνον ἐπιτηδείως ὅπως πολιτεύσωσι (auch 5,81,2 ὀλιγαρχία ἐπιτηδεία τοῖς Λακεδαιμονίοις).

31 καταστήσεσϑαι: Die Bedeutung 'sich normalisieren, zur Ruhe kommen' verlangt die von Hercher vorgeschlagene intransitive Medialform. Vgl. Hdt. 3,80,1 (ὁ ϑόρυβος); Lys. 13,25 (τὰ πράγματα); Polyb. 21,31,10; Dion. Hal. 2,9,2; Dion Chr. 34,18; Aristeid. or. 3,341 L.-B. (τῶν πραγμάτων). 15,37 L.-B. (πάντα). Ähnlich Z. 42 καταστήσειν.

ὁμοῦ δὲ κτλ.: Nicht nur von Theben aus droht den Dreißig also Gefahr; auch "das Volk in Athen ist bereit, sobald die Emigranten etwas unternehmen, an ihre Seite zu treten" (Syk. Mon. 44).

32 πολλοί: Sc. εἰσιν, das entweder (wie z.B. Z. 31 nach ἐλπίς) als Ellipse ausgefallen ist oder als tachygraphische Note leicht übersehen werden konnte. Möglicherweise aber ist das nachfolgende Relativpronomen (οἳ) aus einer Dittographie entstanden und mit Wyttenbach zu streichen.

32f. τῶν ὑμετέρων τι: Etwa eine Unternehmung wie die Besetzung Phyles, die zur fiktiven Abfassungszeit des Briefes noch nicht erfolgt war.

33 ἀλλαχόθεν παραφαίνεται: Durch den Indikativ wird "die Voraussetzung ... als reine Annahme hingestellt" (Schwyzer 2,684), ohne eine persönliche Ansicht des Verfassers über deren Verwirklichung anzudeuten (Blaß-Debrunner § 371. Vgl. auch Kühner-Gerth 2,466). Die 'Pointe' besteht natürlich darin, daß mit der Besetzung Phyles gerade diese Verwirklichung der Voraussetzung auch tatsächlich eingetreten ist. - ἀλλαχόθεν (getadelt von Thom. Mag. p. 10,14 Ritschl) ist als Ortsadverb seit hellenistischer Zeit häufig belegt (vgl. LSJ s.v.; Bauer-Aland s.v.). In übertragener Bedeutung findet es sich bereits bei Antiphon (3,4,3 ἀδύνατον ἀλλαχόθεν ἢ ἐκ τῶν πραχθέντων δηλοῦσθαι), danach wohl erst wieder im 2. Jh. n. Chr., z.B. Attikos fr. 7,11 des Places (ἐπιστεύσαμεν); Ael. NA 6,20 (εἴσεσθε). VH 6,2 (εἴσεται).

βέβαιον: Erst eine erfolgreich verlaufene Aktion mindert das Risiko, sich vorzeitig für die falsche Partei entschieden zu haben.

34 ὅλως ... οὐδέν: 'überhaupt nichts'. Vgl. LSJ s.v. ὅλος III 3; Bauer-Aland s.v. ὅλως.

ὑπό: Vgl. zu ep. 6,12,93.

35 καί[2]: Überleitung zu einem Folgesatz ('und so, daher'). Vgl. Kühner-Gerth 2, 248; Bauer-Aland s.v. I 2f.; Wankel 1,194 zu Dem. 18,17.

35ff. τὸ μὲν κτλ.: Inhaltlich wohl nach Xen. Hell. 2,3,44 συμμάχων πάντα μεστὰ (Syk. Mon. 44).

36 ὡς: Präposition wie ep. 5,1,3.

καθ' ὑμᾶς: Statt ὑμῶν wie Dem. 2,27 τὰ καθ' ὑμᾶς ἐλλείματα und häufig seit hellenistischer Zeit. Vgl. Blaß-Debrunner § 224,1f.; Bauer-Aland s.v. κατά II 7 bc.

μέρος: 'Lager, Gruppierung, Partei' wie Thuk. 2,37,1; Dem. 18,292; Ios. BJ 1,143; Apg 23,6.9. Dafür häufig das Synonym 'μερίς', z.B. Plat. leg. 692b; Dem. 18,176; Plut. mor. 203b (LSJ s.v. IV 1; Bauer-Aland s.v. 1bζ).

ἀπέρρηκται: Wie Hdt. 8,19,1; Ios. BJ 2,14,3; Plut. Marc. 27,1; Dio Cass. 13,54, 10. 40,50,5 anstelle eines eher blassen ἀφέστηκεν und analog dessen Konstruktion (z.B. Hdt. 2,30,2 ἐς τοὺς Αἰθίοπας; Xen. an. 1,6,3 εἰς Μυσούς; Thuk. 8,90,1 ἐς δημοκρατίαν) mit ὡς ... μέρος verbunden (Orelli 173f.).

36f. ἀφορμῆς ἐπιλάβοιτο: Häufig bei Polybios, z.B. 7,15,5. 8,24,11. Ähnlich Dio Cass. 60,15,5 (ἀφορμῆς ... λαβόμενοι) und die beliebte Redensart 'ἀφορμὴν λαμβάνειν', z.B. Isokr. 4,61; Röm 7,8.11 (Bauer-Aland s.v. ἀφορμή).

37 ταὐτὸ πείσεται τῷ ὑμετέρῳ: "eodem modo affecti erunt (sc. alii) quo vosmet ipsi" (Bremi bei Orelli 319); vgl. LSJ s.v. πάσχω II 2. - τῷ ὑμετέρῳ statt ὑμῖν, da "nicht die Person allein, sondern ihr Wesen oder das, was gleichsam in die Sphäre derselben gehört, verstanden werden soll" (Kühner-Gerth 1,267; vgl. auch LSJ s.v. μέρος III 2).

εἴπερ ... καὶ νῦν: Vgl. Plat. Prot. 329b εἴπερ ἄλλῳ τῳ ... καὶ σοί. 352c εἴπερ τῳ ἄλλῳ ... καὶ ἐμοί; Dio Cass. 45,17,5 εἴπερ τι ἄλλο καὶ τοῦτο.

40 ἐξηπατῆσθαι: Mit περί c. acc. wie ähnlich Plat. rep. 451a (σφάλλεσθαι); Aristot. rhet. 1368 b 22 (ἀπατᾶσθαι περὶ τὸ δίκαιον καὶ τὸ ἄδικον); Kleom. caelest. 2,1, 142 Todd (ἀπάτη). Dafür häufig auch der bloße Akk. (z.B. Xen. an. 5,7,11; Isokr. 17, 51) oder περί c. gen. (z.B. Arr. Epict. 1,29,51. 2,20,9.22,8; Lib. ep. 561,6. Ähnlich Aristot. sens. 442 b 8 ἀπατῶνται; Lykurg. 35 ὑπὲρ ... ἀδικημάτων ἐξαπατῆσαι).

41 διαφθειρόμενα ... τὰ πράγματα: Häufig belegte Verbindung. Vgl. z.B. Hdt. 5, 115,1. 6,17.89; Plat. ep. 4,320e; Isokr. ep. 4,6.

ἐταράχθη: Sc. τὰ πράγματα. Vgl. Aristoph. equ. 214; Thuk. 2,65,11 (τὰ περὶ τὴν πόλιν); Plut. mor. 361d. Alex. 11,2; Dio Cass. 15,34,4. 38,27,2. 52,5,3 (ἡ πόλις καὶ τὰ πράγματα).

42 καταστήσειν αὐτά: Sc. τὰ πράγματα. Ähnlich Thuk. 3,35,2 (τὰ περὶ τὴν Μυτιλήνην); Plut. Cato min. 59,2 (θόρυβον). Vgl. Z. 31 καταστήσεσθαι.

42f. φυγὰς ... δημεύσεις ... θανάτους: Auch in dieser Zusammenstellung häufig belegte Fachtermini, z.B. IG 1²,101,7 (412/11 v. Chr.); Plat. Prot. 325bc; Dem. 17,15; Diod. 18,65,6. Die Junkturen sind ebenfalls gut belegt: vgl. SIG 1,167,26 (ca. 350 v. Chr.) δημεύσεις τῆς οὐσίης (ähnlich Diod. 13,92,7.101,7 οὐσιῶν; Dio Cass. fr. 63,1 Boissevain οὐσίας); Plat. Ax. 368c ἄκριτον θάνατον; Lys. 3,42 φυγὴν ποιήσασθαι; Diod. 15,40,1 φυγὰς καὶ δημεύσεις οὐσιῶν ἐποιοῦντο. - Vgl. zu ep. 1,2,12 τὰς διατριβὰς ... ποιούμεθα.

43 νοσημάτων: Mit ἰατρός (Z. 44) wie ähnlich Soph. fr. 698 P. = Radt (νόσων). Das an sich überflüssige Wort soll an unserer Stelle wohl den Übergang in den Bereich der Medizin anzeigen. Der Vergleich mit einem Arzt erinnert an Platon, z.B. polit. 295 b. rep. 425e. ep. 7,330d (Bock Cano 50).

44 συνεστηκότι αἰτίῳ: Vgl. Gal. in epid. II 42 (CMG V 10,1; p. 70,14f. Wenkebach) διὰ δριμύτητα τῶν συρρεόντων οὔρων, ἐφ' ᾗ καὶ νῦν <ἡ τῆς στραγγουρίας> αἰτία συνέστη.

αἰτίῳ: Ausgerechnet mit denselben Maßnahmen (φυγὰς ... δημεύσεις ... θανάτους), die den Staat in seine hoffnungslose Lage gebracht haben (οἷς ἐταράχθη πρότερον), wollen die Dreißig auch wieder Ordnung schaffen (τοῖς αὐτοῖς οἴονται καταστήσειν). Es ist demnach nicht zwingend erforderlich, mit den Übersetzungen außer De Felice ("causa") und Stowers ("what caused it in the first place") für αἴτιον an unserer Stelle die Bedeutung 'Krankheit' anzunehmen. In dieser Verwendung ist αἰτία frühestens für die Umgangssprache griechischer Ärzte in hadrianischer Zeit erschlossen (E. Bickel, Glotta 23, 1935, S. 219; G. Björck , a.O. 24, 1936, S. 253); erst in sehr viel späterer Zeit findet sich auch αἴτιον in diesem Sinn belegt (G. Björck, a.a.O., S. 252). - Allerdings ist zuzugeben, daß συνίστασθαι in der medizinischen Fachliteratur häufig auch in Verbindung mit Krankheiten o.ä. vorkommt (z.B. Gal. in epid. I 1 CMG V 10,1 p. 22, 25f. Wenkebach νοσήματα ... συστάντα. III 14 CMG V 10,2,2 p. 144,20 Wenkebach συνίσταται τὰ πάθη) und die entsprechende Übersetzung unserer Stelle "einen durchaus brauchbaren Sinn ergibt. In ähnlicher Weise mag die Bedeutungsverengung zustandegekommen sein" (H. Gärtner, CMG Suppl. IV 70 zu Rufus quaest. medic. 24 ὑπὸ τῆς εἴσω αἰτίας).

ποιούμενος θεραπείαν: Wie Hippokr. nat. hom. 9; Isokr. 14,36 (ähnlich 15,137 ποιήσει καὶ θεραπείαν); Dion Chr. 38,3; Dio Cass. 41,28,4. - Vgl. zu ep. 1,2,12 τὰς διατριβὰς ... ποιούμεθα.

45 ἀνιάτως ἔχει: "... mehrmals bei Platon in stilistisch anspruchsvollen Passagen" (Wankel 2,1354 zu Dem. 18,324 mit Belegen, z.B. Plat. ep. 7,326a τὰ ... τῶν νόμων),

wenn wie an unserer Stelle von Menschen die Rede ist, die sich nicht mehr bessern können bzw. von "Missetaten, die sich nicht wieder gut machen lassen (ältere Sprache sagte
ἀνήκεστα)" (U. v. Wilamowitz-Moellendorff, Platon 2, 281 A. 3 zu ep. 5,322b). Vgl.
auch Hippokr. acut. (sp.) 3. ep. 21,4; Dio Cass. 68,14,2; Lib. or. 15,71 πόλιν ἀνιάτως
ἔχουσαν.

τῶν σαυτοῦ: Gemeint sind alle Aktivitäten des Adressaten im Zusammenhang mit
einer Vertreibung der Dreißig aus Athen (Döring Sok. 116).

46 ἦν: Sc. ἐστὶν ὡς ἄρτι (sc. Z. 30ff.) ἔλεγον (vgl. Kühner-Gerth 1,145f.).

πράξητε κατὰ νοῦν: Wie Soph. fr. 469 P. = Radt; Aristoph. equ. 549; Lib. ep. 418.
522,14. Ähnlich Z. 17f. κατὰ γνώμην ... χωρεῖν τὰ πράγματα.

47 πάνυ: Nachgestellt wie Xen. an. 1,9,27. 4,7,14; Plat. Krat. 402a; Eur. ep. 3,
10.21 Gößwein.

6 Indices

6.1 Index verborum

Nicht berücksichtigt sind der Artikel, die Negation οὐ bzw. μή, die Partikel μέν und δέ, das Personal-, Demonstrativ- und Relativpronomen sowie ἀλλά, γάρ, καί und τε. Vor dem Komma steht die Nummer des Briefes; die Zahl hinter dem Komma gibt die Zeile an, in der ein Beleg zu finden ist.

A

ἀγαθός 5,11 6,53 - τὸ -όν: 1,33 6,36. 41.45 - cf. ἄριστος, κράτιστος; ἀμείνων, κρείττων, βελτίων, λωΐων

ἀγανακτεῖν (πρὸς υἱεῖς) 6,56 abs. 7,12 c. part. 7,23

ἀγγέλλειν pass. 7,21

ἄγειν (σχολὴν) 1,26 (παρρησίαν) 6,62 (ἡσυχίαν) 7,32 (εἰς τὴν Θόλον) 7,7

ἀγνοεῖν (οὐδέ) 1,90 (οὐκ) 2,2 (οὐκ) 5,10

ἀδελφός 6,82.86

ἀδικεῖν abs. 7,15

ἀδίκημα 7,10.35

ἄδικος (ἔργον) 7,12

ἀήθης -ες c. inf. 1,10

ἄθλιος comp. 6,42

αἰδεῖσθαι c. part. 1,33

αἰνίττεσθαι (τούτῳ τι παραπλήσιον) 1,96

αἱρεῖν 1,57 (Pind.) - med.: 1,92 4,3 6, 7.34 abs. 1,6 pass. 2,2

αἱρετός comp. 6,94

αἰσθητήριον 6,49

αἰσχρός 1,31 adv. 1,99

αἰσχύνειν 5,13 (Hom.) med. c. part. 6,58 ·

αἰτεῖν (τεθνεῶτα τροφάς) 6,58

αἰτία 1,45 6,50

αἴτιος τὸ -ον 7,44

ἀκούειν 1,13.15.103 7,23

ἀκριβής τὸ -ὲς τούτων πέρι 6,98

ἄκριτος θανάτους -ους ποιούμενοι 7,43

ἀληθής 7,29 εἰ μέν τί με τῶν -ῶν ἐκφεύγει 6,26

ἀληθινός (δόξα) 6,20 (ὠφέλεια) 6,44

ἀλλάττεσθαι (τῶν ἐκεῖ τἀνθάδε) 1,103

ἀλλαχόθεν (παραφαίνεται) 7,33

ἀλλήλοις (κατ' ὄψιν ἐντυχόντες) 6,99

ἄλλος 1,15.30.60.66.75.83.85 5,12 6,6. 10.11.42.77

ἄλλοτε εἴπερ σοί ποτε ἄ. καὶ νῦν 7,37

ἀλλότριος -ων παρασιτοῦντα ἀγαθῶν 1, 32

ἀλυσιτελής τὰ παρὰ θεὸν -ῆ ὑπάρξει 1,62

ἅμα ἅ. ... καί 1,70 c. dat. 6,62

ἀμείνων τἀνθάδε -ω δοκῶν 1,104

ἀμελεῖν (ὠφελείας) 6,44

ἀμοιβή (χάριτος) 6,73 (ἴση τῇ ὠφελείᾳ) 6,74

128

ἀμφιέννυσθαι 6,18

ἀμφότεροι 3,5 5,16

ἄμφω 6,25

ἄν c. coni.: 1,17.64.65 6,8.33 - c. opt.:
1,22.65.84.94 2,3 5,7 6,26.37.56 7,11.
44 - c. ind.: 1,3.86.91 (ἐχρῆν) 6,34 - c.
inf. 1,32 - ἄν (= ἐάν) c. coni. 7,46 - cf.
κἄν

ἀναγκάζειν 6,42.87

ἀναγκαῖος τὰ -α: 6,66.90

ἀνάγκη c. inf. 6,50

ἀναθεωρεῖν pass. 6,79

ἀνακαλεῖσθαι 7,6

ἀναμιμνήσκεσθαι 5,12

ἀνήκεστος -όν τι παθεῖν 3,6

ἀνήρ 1,71 2,4.6 5,11 6,56

ἀνθρώπινος τῶν ὄντων -ων ἀγαθῶν 6,
45 τὰ -α 6,97

ἄνθρωπος 1,86 6,39.48.69

ἀνίατος -ως ἔχει 7,45

ἄνοια 1,88

ἀντικατάλλαγμα (φιλοσοφίας) 6,76

ἀντίπαλος 5,16

ἄξιος abs. 3,5 c. inf. 5,5

ἀξιοῦν c. inf.: 1,22 6,60 - pass.: (μνήμης) 6,81

ἀπαγγέλλειν 1,79 (ἀληθῆ ταῦτα) 7,29 -
pass. c. inf. 5,2

ἀπαγορεύειν ἀπεῖπε μὴ ἰέναι καὶ τὸ δεύτερον ἀπηγόρευσεν 1,53 ὅπως μὴ πράγματα ἔχοι (sc. ἡ ἡμετέρα πόλις) μικροῦ δεομένη ἀπειρηκέναι 3,8

ἀπαιδευσία 1,30

ἀπαλλάττειν -ηλλάχθαι δεσποτείας 7,47

ἅπαξ ἐπείπερ ἅ. 5,11

ἀπαρκεῖν c. inf. 6,13

ἀπειθεῖν 1,53.65

ἀπεικάζειν (ἑαυτὸν τῷ σοφοτάτῳ) 6,32

ἀπεῖναι 7,3

ἄπειρος (ἱππικῆς) 1,92

ἀπέχεσθαι (τελευτῶντος) 6,57

ἀπεχθάνεσθαι 1,50

ἀπιστεῖν 1,66

ἄπιστος 1,21

ἁπλός οὐχ -ῶς 1,6

ἀπό ἀφ' οὗ 1,11 ἀπεχθάνεσθαί μοι συμβαίνει ἀπ' αὐτοῦ 1,51 ἐπανιόντας ἀπὸ
τῆς διώξεως 1,77 καταπεσὼν ἀπὸ τῆς
ἐλπίδος 1,99 ἀφ' ἑαυτῶν ἐπιχειρήσουσιν
5,8 ζῆν ἀπ' ὀλίγων 6,24 τὰς ἀπ' αὐτῶν
ἐλπίδας 6,52

ἀποβαίνειν πολλὰ τῶν -βησομένων 1,
81

ἀποδέχεσθαι (αὐτούς) 1,28 6,24 7,18

ἀποθνήσκειν τεθνεῶτα 6,58 (cf. θνήσκειν)

ἀποκοιμίζεσθαι 1,48 (hap. leg.)

ἀποκρίνεσθαι 6,100 7,15

ἀποκτιννύναι 7,9

ἀπολαύειν abs. 6,32 (ὠφελείας) 6,72

ἀπολείπειν (πολυτελείας οὐδέν) 6,17
τῶν οἰκείων τινὰ ἀπολελοιπώς 6,81

ἀπολλύναι (βάσεις) 1,101 (δόξαν) 6,20
- ἀπόλλυσθαι: 1,76.79

ἀπολογεῖσθαι 7,7

ἀπορεῖν med. 1,23

ἀπορρηγνύναι -έρρηκται (ὡς c. acc.) 7,36

ἀπόρρητος (ἡδοναί) 6,19

ἀποστατεῖν (τῶν τούτου) 6,63

ἀποστερεῖν (τὸ δοθέν) 1,22

ἀποχώρησις 7,4

ἄπρακτος θανάτου ζωὴν -οτέραν βιοῦντες
6,59

ἀργία 6,54

ἀργύριον 1,15.21.22.26.39 6,41.93

ἀρέσκεια 6,21

ἀρετή 1,57 (Pind.) 5,12 6,21.35.47.97

ἄριστος ἐν τοῖς ἄριστα 5,13

ἀρκεῖν -εῖ c. inf. 6,99 - τὰ -οῦντα 1,16

ἁρμόττειν (πρὸς ἐκεῖνα) 4,4

ἄρχειν   1,83   7,38 - τὸ ἄ. 1,84 - pass.
  (ἀρξόμενον) 1,83

ἀρχή   1,55 (Pind.)   5,5   6,39

ἄσμενος   7,33   adv. 7,18

ἀσπίς   1,80

ἄστυ   1,100

ἄτε   c. part. 6,86

ἀτιμάζειν   pass. 1,37 bis

ἀτιμία   1,35   6,88

ἄτοπος   -ον εἰ c. ind. praes. 6,6

ἀτυχέω   πρὸς οἷς ἠτύχει 6,45

αὐθάδης   adv. 7,13

αὖθις   εἰ καὶ μὴ νῦν αὖθίς ποτε 6,43

αὐξάνω   1,89

αὐτόθι   2,5

αὐτός   'ipse': 1,26.38.45.79.84   4,7   6,
  24[1].52.91.96 - ὁ αὐτός: 1,33   6,14.17.
  18.86   7,2.37.42[1].44 - pron.: 1,11.19.36.
  39.44.48.51.52.54.59.64.75.78.87.98   3,4.5
  4,2.6   5,4.6   6,3.23.24[2].30.39.50.52.70.76.
  79.80.82.83.84.90   7,5.8.9.16.24.26.34.42[2]

ἀφαιρεῖν   pass. (τὴν ἀρχήν) 5,6

ἀφιέναι   τελευτῶντές μοι -ῶσιν 6,9 - ἀφέντας τὸ ὂν ἀγαθὸν τὸ δοκοῦν μεταδιώκειν
  6,35

ἀφικνεῖσθαι   1,80   2,3   7,30

ἀφιλοχρηματία   5,15

ἀφίστασθαι   1,51   3,6

ἀφορμή   εἰ μικρᾶς ἔξωθεν -ῆς ἐπιλάβοιτο
  7,36

ἀφροσύνη   6,51

ἄχθεσθαι   c. part. 1,37

ἄχρι   (νῦν) 7,17

Β

βαδίζειν   (εὐθεῖαν) 1,74   (ὡς ἀρξόμενον)
  1,83

βαρύς   (δεσποτεία) 7,46

βασιλεία   1,82.93

βασιλεύειν   1,85

βασιλεύς   1,91

βάσις   τὰς βάσεις (sc. παρρησίαν) ἀπολωλεκώς 1,101

βέβαιος   7,33

βελτίων   6,93.95 - -ω 6,27 - adv. βέλτιον: (ἔχει) 6,37   7,27

βῆμα   1,42

βίος   1,86.100.102   6,12.26.96

βιοῦν   1,32   6,7   (ζωήν) 6,59

βλάπτειν   pass. 1,65

βοηθεῖν   5,5   6,87   7,30

βούλεσθαι   1,15.32.52   6,84   7,25

βουλεύεσθαι   φαύλως βεβουλεῦσθαι 6,68

βούλησις   κατὰ -ιν 1,61

βραχύς   6,73

Γ

γε   1,52   3,8   5,4   6,17.34.67   7,15   e
  coni.: 7,25

γεννᾶν   ὁ -ήσας πατὴρ 6,80

γένος   5,13 (Hom.)   6,85

γῆ   κατὰ γῆν 1,46

γῆρας   πρὸς γ. 6,78

γίγνεσθαι   1,72.79.98   (ἐν Θήβαις) 5,2
  6, 52.86.94   7,38 - γίνεσθαι: (πρὸς ὠφελείας) 1,64   (ἐπὶ διαβάσεώς τινος) 1,70
  5,11.16   6,78

γνώμη   1,3   7,3.8   κατὰ -ην χωρεῖν 7,17

γοητεία   6,48

γονεῖς   6,55

γοῦν   7,40

γράφειν   1,6   6,5   7,2

Δ

δαιμόνιον   1,66.72

δεδοικέναι   (περὶ τῶν ἰδίων) 6,77   διὰ τὸ
  δ. 7,32

δεῖ τινί τινος: 1,46.49 - τινὸς 6,38

δεικνύναι 1,55 (Pind.)

δεινός c. inf. fin. (ὁμιλῆσαι) 6,48 - -όν c. inf. 1,31

δεῖσθαι c. gen.: 6,23.30.31 - μικροῦ c. inf. 3,8

δεσποτεία 7,47

δεύτερος -ον 1,103 - τὸ -ον: 1,3.53

δέχεσθαι c. inf. (μᾶλλον) 1,84

δή 1,50 1,56 (Pind.)

δῆλος -ον ὅτι c. ind. praes. 7,38

δηλοῦν intr. 3,4 (ὅτι c. ind. praes.) 6,52

δήμευσις -εις οὐσιῶν 7,42

δημοκρατία ἐπὶ τῆς -ας 7,28

δῆμος ἔρχεται πρὸς τὸν -ον 3,3 ἐν τῷ -ῳ συναγορεύσοντα 6,2

διά c. gen.: (τῶν εἰρημένων) 6,99 - c. acc.: 1,28.34.37.100 2,5 5,5.7.15 bis (τὸ ἐθέλειν) 6,4 (τὸ δεδοικέναι) 7,32

διάβασις 1,70

διαγγέλλειν 7,17

διάγειν (ἐν ἀτιμίᾳ) 1,35

δίαιτα 6,16

διακεῖσθαι (ὁμοίως) 1,86 (οὕτω) 6,9 (οὐχ ὁμοίως) 7,16

διαλέγεσθαι (οὕτως αὐθάδως) 7,13

διανοεῖσθαι (περὶ αὐτῶν) 6,38 - c. inf.: 4,3 6,57

διανομή -αῖς καὶ ἑστιάσεσι πανδήμοις 6, 22

διασῴζειν med. 1,75

διατιθέναι (πρός με οὕτω) 1,66

διατριβή 1,8 -ὰς ποιούμεθα 1,12

διαφέρειν (περὶ τὴν χρῆσιν) 6,12

διαφθείρειν 6,19 7,35.41 - cf. φθείρειν

διάφορος ἐσθῆτας -ους 6,17

διδάσκειν -οντος τοῦ θεοῦ 1,81

διδόναι 1,4.18.20.22[2].82 εἰς τοῦτο ἑαυτοὺς ἔδομεν 5,11 - pass.: 1,22[1] τὰ -μενα

(='oblata') 1,6.7

διέρχεσθαι λόγος ἐν αὐτοῖς διῆλθεν 7,5

διιστάναι med. (περὶ τὸν πορισμόν) 6,13

δίκαιος 6,16

δίκη ἀργίᾳ -ην ἐκτίνοντες 6,54

διοικεῖν 6,67 7,27

διόπερ 6,76

δίωξις 1,77

δοκεῖν 1,3.20.31.71.104 4,3 6,68.89 7, 16 - ἀφέντας τὸ ὂν ἀγαθὸν τὸ δοκοῦν μεταδιώκειν 6,36

δόκιμος sup. 4,5 6,94 bis

δόξα (πολιτική) 6,15 (ἀληθινή) 6,20

δύνασθαι c. inf.: 1,43 6,24.34.84 7,13

δύο δυοῖν 5,14

δυσέλπιστος comp. 7,21

δωρεά 6,8

E

ἐάν 1,51

ἑαυτοῦ 1,31.36.98 5,8 6,32.56.61 - εἰς τοῦτο ἑαυτοὺς ἔδομεν 5,11 - αὐτοῦ: 1,27. 28

ἐγκλείειν med. 1,13

ἐθέλειν 6,4.25 7,41

εἰ c. ind. praes.: 1,38.41 6,6.26.49 7,29. 32 - c. ind. fut.: 1,19 5,7 6,68 7,15 - c. opt. praes.: 6,12.84 - c. opt. aor.: 1,65 7,36 - c. ind. impf.: 1,85.93 6,34 (ἐβούλοντο) 7,25 - 'an': 5,3 6,88 - εἰ καὶ μὴ νῦν αὖθίς ποτε 6,42

εἰδέναι 1,34.52.84.85.87 5,4.14 6,28

εἰκός c. inf.: 1,24.51.91 6,21.32.73 - εἰκότως 6,23

εἶναι inf.: 1,5.31.54.90.92[2] 5,5 6,16.27. 32.71.73 - τὸ εἶναι 6,43 - part.: 1,24.32. 78.91.92[1] 3,5 6,63 - οἱ ὄντες 4,5 - τὸ ὂν ἀγαθόν: 6,35.45 - ind. praes.: 1,38.44 3,4 εἰσὶ δὲ οἳ 6,70 7,38 - οἷόν τε εἶναι: 6,47.85 7,19 - ind. impf.: c. ἄν 1,86 (εἰ) 1,93 6,31 7,8 impf. pro praes. 7,46 -

opt. praes.: 6,30 c. ἄν 7,44 - coniugatio periphr.: ἀπολελοιπὼς ἦ 6,81 εἴη πεπραγμένα 7,6

εἵνεκα c. gen. 6,62

εἰπεῖν 1,71 6,56 7,11.14 - pf. pass.: 1, 60 5,14 6,100

εἴπερ: 7,37

εἰς c. acc.: εἰς τὰ πλήθη παριών 1,14 τὰ εἰς περιουσίαν 1,17 εἰς τοῦτο σοφόν 1, 54 (ἐμπεσεῖν) 1,76 εἰς τοῦτο ταραχῆς προάγει 1,87 (ἀφίκοιτο) 2,3 εἰς τὴν 'Ασίαν ὡς Κῦρον ὡρμηκότα 5,3 εἰς τοῦτο ἑαυτοὺς ἔδομεν 5,11 (καταφεύγουσι) 6,21 εἰς τὸ ζῆν ἐξαρκέσει 6,60 εὔνοιαν εἰς αὐτὸν 6,82 εἰς τὴν ἡμέραν ταύτην 6,93 εἰς ἀρετῆς λόγον συμβάλλεται 6,97 (ἦγον) 7,6 (ἰέναι) 7,8

εἷς ἑνὶ δὲ κεφαλαίῳ 1,24 6,39 7,15.46

εἰσπράττειν c. dupl. acc.: 1,15 (med.) 6, 76

εἰωθέναι 5,12 - εἰωθός σημεῖον 1,71

ἐκ τις ἐξ αὐτῶν 1,75 ἐκ τοῦ σώφρων εἶναι 6,15 (περιγίγνεσθαι) 6,21 bis ἐκ τοῦ αὐτοῦ πατρὸς ἀδελφόν 6,86 ἐξ ἐκείνου τοῦ χρόνου 7,16 τὰ ἐκ τῆς Λακεδαίμονος δυσελπιστότερα ἠγγέλλετο 7,20

ἕκαστος 1,43.102 1,56 (Pind.) 6,21

ἐκβαίνειν (ἐπὶ τὸ λῷον) 1,61

ἐκεῖ 1,104 3,3 τἀκεῖ 5,9 ἐκεῖθεν 7,22

ἐκεῖνος 1,51.88 2,6 3,7 4,4 5,6.7.15 6,27.61.88.91 7,9.16.30 τὰ μὲν οὖν -ου ταῦτα 4,6 (κἀκεῖνοι) 6,20 ἐκεῖνο τὸ ἑτοίμως ἔχειν 6,31 ἐκεῖνο .. ὅτι: 1,40.90 6, 69

ἐκκλίνειν abs. 1,78

ἐκλέγειν med. 4,4

ἐκπίπτειν (ὑπὸ τῶν οἴκοι) 3,3

ἐκτελεῖν (τῇ πατρίδι χρείας) 1,41

ἐκτίνειν (ἀργίᾳ δίκην) 6,54

ἐκτρέφειν pass. 6,55

ἐκφεύγειν εἰ μὲν τί με τῶν ἀληθῶν ἐκφεύγει 6,26

ἑκών (παραιτοῦμαι) 6,9 7,11

ἐλάττων -ω 1,44 - cf. ἥττων

ἐλλείπειν οὐδενὸς ἐλλειφθήσονται 6,65

ἐλπίς 1,99 6,52 7,30.46 ὑπὲρ τῶν μελλόντων χρηστὴν ἐλπίδα 6,46

ἐμπίπτειν (εἰς τοὺς ἱππέας) 1,76

ἐν c. acc.: 1,56 (Pind.) - c. dat.: τοὺς ἐν φιλοσοφίᾳ λόγους 1, 9 ἐν κοινῷ 1,12 ἐν ἀτιμίᾳ διάγουσι 1,35 ἐν στρατηγίαις 1,42 τῷ ἐν Δελφοῖς θεῷ 1,63 ἐν τῇ φυγῇ 1,69 ἐν ἐπιτηδείῳ καιρῷ 1,73 ἐν τῷ βίῳ 1,86 ἐν τοῖς ἄστεσιν 1,100 ἐν Ποτιδαίᾳ 3,2 ἐν τῷ δήμῳ 6,2 ἐν αὐτῇ (sc. τῇ ψυχῇ) 6,50 ἐν σφίσιν αὐτοῖς 6,52 τὸ ἐν τῇ ψυχῇ συγγενές 6,86 λόγος ἐν αὐτοῖς διῆλθεν 7,5 - ἐν Θήβαις γενέσθαι 5,2 - ἐν τοῖς ἄριστα 5,13 - instrument.: ἐν μάχῃ 1,68

ἐνάγειν 7,26

ἐναντίος τὴν -αν 1,74 τοὐναντίον 1,83

ἐνδεικνύναι εὔνοιαν εἰς αὐτόν -μενοι 6, 82

ἔνδοξος comp. 1,90

ἐνθάδε τἀνθάδε 1,104 τὰ ἐνθάδε 7,31 τοῖς ἐνθάδε 7,46

ἔνιοι 1,16.25.48.81 5,10 6,5.68

ἐνιστάναι ἐνέστην 1,71

ἐννοεῖν περὶ τοῦ θεοῦ κατ' ἐμαυτὸν -ούμενος, καθ' ὅ τι εὐδαίμων εἴη 6,29

ἐνταῦθα 1,40 τῆς ἐ. ταραχῆς 7,23 - οἱ ἐ.: 5,4 7,20 - τὰ ἐ. 7,33

ἐντυγχάνειν 4,2 (κατ' ὄψιν ἀλλήλοις) 6, 99

ἐξαίρειν ὑπ' ἐπιθυμίας -αρθείς 1,94

ἐξαπατᾶν -ηπατῆσθαι περὶ τὸ συμφέρον 7,40

ἐξαρκεῖν (εἰς τὸ ζῆν) 6,60

ἐξελαύνειν (κρίμα) 6,50

ἐξέρχεσθαι πόλεως -εληλυθυίας 1,69

ἔξεστι 1,20 6,39 7,25 - ἐξόν 6,7

ἐξετάζειν -εσθαι: (ἐπὶ τοῦ βήματος) 1,42 (καθ' ὃ δύναται ἕκαστος ὠφελεῖν) 1,43

ἐξομοιοῦσθαι (μακαρίῳ) 6,33

ἐξορμᾶσθαι (πρὸς τὰ πολιτικά) 4,3

ἐξουσία (τύχης) 1,89

ἔξωθεν 7,36

132

ἐοικέναι c. inf.: 1,95 7,40

ἐπακτός -οῖς χρώμασι 6,20

ἐπανιέναι 1,76

ἐπεγείρειν τοῦ -οντος δεήσει 1,49

ἐπεί 1,52 6,35

ἐπείπερ ἑ. ἅπαξ 5,11

ἔπειτα πρῶτον μὲν ... ἔ.: 1,45 6,7.41.70

ἐπεξέρχεσθαι (ἐπὶ τὴν ἐρημίαν) 1,100

ἐπί c. gen.: (βήματος) 1,42 ἐπὶ διαβάσεώς τινος ἐγινόμεθα 1,70 ἐφ' ἧς (sc. παρρησίας) ὀρθοῦται βίος 1,102 ἐπὶ τῆς δημοκρατίας 7,28 - c. dat.: γράψαι ἐπὶ πλείοσι<ν> 1,6 ἐφ' οἷς ἐδίδοσαν 1,22 ἐφ' ἑαυτοῖς τιμῶνται 1,36 ἐπ' ὀλέθρῳ παραδεδωκέναι 7,24 - ἐπί τινι εἶναι: 1, 31.44 - τῇ ἐπὶ Δηλίῳ μάχῃ 1,68 - c. acc.: 1,47. 61.91.100

ἐπιγράφειν οὐκ ἂν ἔργῳ -είην ἀδίκῳ 7,12

ἐπιδημεῖν ('Αθήνησι) 4,5

ἐπιεικής adv. 1,50 comp. 6,63 6,65

ἐπιζητεῖν 6,5.99

ἐπιθυμεῖν (τόπου ὑψηλοτέρου) 1,97 c. inf. 6,57

ἐπιθυμία (τῶν μειζόνων) 1,94

ἐπικεῖσθαι 5,9 - τὰ -κείμενα 1,48

ἐπιλαμβάνειν εἰ μικρᾶς ἔξωθεν ἀφορμῆς -λάβοιτο

ἐπιμελεῖσθαι 1,29 2,5 6,2.91 7,45

ἐπιποθεῖν pass. 6,80

ἐπίσης ἑ. <καὶ> ὁμοίως 1,13

ἐπισκέπτεσθαι (τὸ ἀκριβές) 6,99

ἐπίστασθαι 1,85.87

ἐπιστέλλειν 1,4 7,2

ἐπιστολή 1,1 (tit.)

ἐπισφαλής (τὰ τῆς πορείας) 2,4

ἐπιτήδειος ἐν -είῳ καιρῷ 1,73 adv. 7,27

ἐπίτροπος 1,105

ἐπιφανής οὐκ ἂν -εστέρων ὀρεχθείην συμφορῶν 1,94

ἐπιχειρεῖν (οἷς μὴ ἴσασιν) 1,87 - c. inf.: 5,4.8

ἐπιχώριος τῶν -ων πολλοί 7,32

ἐπονείδιστος adv. 1,99

ἔργον 6,51 7,12 - λόγων μὲν εἵνεκα ... -ῳ δέ 6,63

ἐρημία 1,100

ἔρχεσθαι (πρὸς τὸν δῆμον) 3,3

ἐσθής 6,14.17

ἑστίασις διανομαῖς καὶ -άσεσι πανδήμοις 6,22

ἑταῖρος 6,3.75

ἕτερος τρόπον τινὰ -ον 6,83 - pl.: 1,32. 44 6,60

ἔτι 1,88 6,89 7,4

ἕτοιμος adv. (ἔχειν) 6,31

ἔτος gen. temp. 6,17

εὖ (ποιήσεις) 3,5 (φρονεῖν) 6,40

εὐδαιμονία 6,39

εὐδαίμων (καὶ μακάριος) 6,30

εὔδηλος -ον ὡς c. ind. fut. 6,66

εὐεργεσία 6,74

εὐήθης εὔηθες c. inf. 6,35

εὐθύς 1,56 (Pind.) - εὐθεῖαν (sc. ὁδὸν) 1, 73 - εὐθέως 7,4

εὐλογία μισθὸν -ας 6,25

εὔνοια (εἰς αὐτόν) 6,82

εὐπόριστος τὰ τῶν ξενίων -α 2,4

εὑρίσκω 1,12 - pass. c. part. 1,18

εὐτυχής (πράγματα) 5,3

εὐφημία (παρὰ τῶν πληθῶν) 6,22

ἐφίεσθαι (εὐτυχῶν πραγμάτων) 5,3 (δόξης) 6,15

ἐφίστασθαι (τοὺς ἐπὶ τὰ τῇ πόλει συμφέροντα ἰόντας) 1,47

ἔφορος 7,23

ἐφυβρίζειν 1,100

ἔχειν 1,17.44 3,7 5,16 6,41.52.76 7,3. 9 - abs. 1,13 e coni. - c. adv.: (καλῶς) 1, 39 (οὕτω) 1,59 (οἰκείως) 4,6 (καλῶς) 6, 26 (ἑτοίμως) 6,32 (βέλτιον) 6,37 (ὁμοίως) 6,69 (οὕτως) 7,30 (ἀνιάτως) 7,45

Z

ζῆν (βίον) 1,99 6,8.24.53.58.60

ζητεῖν c. inf.: 1,25 6,18

ζωή -ὴν βιοῦντες 6,59

Η

ἤ 1,33.44.85 6,49.82 - post comp.: 1,6 (e coni.) 1,98 6,51 7,28 - ἤ-ἤ 6,89 - ἤ καί 1,46

ᾗ ᾗ διανοοῦμαι μαθεῖν ἔξεστιν 6,38

ἥβη 6,55

ἡγεῖσθαι c. inf.: 1,31.54 5,10 7,13 - τῶν ἡγησομένων κατὰ γῆν 7,46

ἤδη 1,66.103 3,4 ἤδη γε 5,4 ἤδη καί 6, 45 7,35

ἡδονή pl.: χαρίζονται ἀπορρήτοις -αῖς 6, 19 6,49

ἥκειν 1,8.75 7,22

ἡμέρα 6,18 εἰς τὴν -αν ταύτην 6,93 7,6

ἤπου 7,12

ἡσυχία ἄγουσιν -αν 7,32

ἥττων 1,86 - adv. οὐχ ἧττον 6,72 - cf. ἐλάττων

Θ

θάλαττα κατὰ -αν 1,46

θάνατος 6,59.60 -ους ἀκρίτους ποιούμενοι 7,43

θαυμάζειν 1,27.29.41.65 5,7 6,13

θαυμαστός 1,47 6,9 7,2

θεός 1,11.50.60.62.82.104 1,55 (Pind.) 5,4 6,29 τῷ ἐν Δελφοῖς -ῷ 6,63

θεραπεία ποιούμενος -αν 7,44

θεραπεύειν (ψυχήν) 6,97

θέρος gen. temp. 6,14

θνήσκειν τεθνεῶτα 6,58 (cf. ἀποθνήσκειν)

Ι

ἰατρός (νοσημάτων) 7,44

ἴδιος τὰ -α: 1,24 6,78 - ἰδίᾳ: 1,81 7, 12

ἰδιωτεία 1,93

ἰδιώτης 1,91

ἰέναι 1,53 7,7 τοὺς ἐπὶ τὰ τῇ πόλει συμφέροντα ἰόντας 1,47

ἵνα c. coni. aor. 3,6

ἱππεύς 1,76.93

ἱππική ἄπειρος -ῆς 1,92

ἵππος 1,91

ἴσος (ὠφελείᾳ) 6,74 - ἴσως: 6,6.56.61

ἱστορεῖν pass.: καθάπερ Πυθαγ. -εῖται 1,14 οὐδεὶς βελτίων -εῖται γενόμενος 6,93

ἰσχυρίζειν 6,26

Κ

καθάπαξ (pro 'παντελῶς') 1,45

καθάπερ 1,14

καθίζεσθαι (ἐφ' ἵππον) 1,92

καθιστάναι -στησάμενος καταλείπω 6, 91 - -στήσεσθαι τὰ ἐνθάδε 7,31 -στήσειν πράγματα 7,42

καί passim - c. part. pro καίπερ 6,51 - ἅμα ... καί 1,70 - ἤδη καί 6,45

καιρός ἐν ἐπιτηδείῳ -ῷ 1,73

καίτοι 1,31 6,32.93 - καίτοιγε 6,55

κακός (τὸ) κακόν: 1,86 7,13.38 - adv.: (-ῶς) 6,66.84.89 (κάκιον) 6,67

καλός neutr.: 1,9 6,49 - comp.: τελευταί τε καλλίονες 1,58 (Pind.) καλλίω φανεῖσθαι 6,75 - adv.: 1,3 (εἶχε) 1,39 (ἔχει) 6,25

κἄν = καὶ ἐάν 6,81 - κ. (= καὶ ἄν) εἰ: 1, 92 6,12

καρτερία 5,15.16

κατά c. acc.: τῶν καθ' ἡμᾶς ἔνιοι 1,16 καθ' ὃ δύναται ὠφελεῖν 1,43 κ. γῆν ἢ καί κ. θάλατταν 1,46 κ. τὴν τούτων βούλησιν

134

1,61 πραγμάτων μειζόνων ἢ καθ' ἑαυτόν
1,98 τὴν κ. φύσιν χρόαν 6,19 κατ' ἐμαυτὸν ἐννοούμενος, καθ' ὅ τι εὐδαίμων εἴη
6,29 κ. πᾶν αἰσθητήριον προσβάλλουσαι
(sc. ἡδοναί) 6,49 κ. φύσιν 6,83 τοὺς κ.
γένος προσήκοντας 6,85 κατ' ὄψιν ἐντυχόντες 6,98 κ. γνώμην χωρεῖν τὰ πράγματα 7,17 τὸ καθ' ὑμᾶς μέρος 7,36 ἂν
πράξητε κ. νοῦν 7,46

καταγελᾶν pass. 1,30

καταλαμβάνειν c. acc. c. part.: (Πρόξενον ὡρμηκότα) 5,2 7,22

καταλείπειν 1,8 6,50.53.64.92 7,33.34

καταμέμφεσθαι (αὐτά) 5,4

καταπίπτειν (ἀπὸ τῆς ἐλπίδος) 1,99

καταπολεμεῖν pass. 5,6

καταφεύγειν (εἰς δόξαν) 6,21 7,18

κατέχειν 1,40 pass.: 6,47.48

κατιέναι 7,19

κελεύειν 1,11 6,55 7,8

κέλευθος 1,57 (Pind.)

κέρδος pl. 1,28

κεφάλαιον ἑνὶ δὲ -ῳ 1,24

κήδεσθαι (τοῦδε) 6,82

κινδυνεύειν 3,6

κινεῖν κεκίνηται 3,3

κληρονομεῖν 6,57

κοινός ἐν -ῷ 1,12 τὰ -ὰ διοικοῦντες 7,27

κοινωνός -ὸν ποιεῖσθαι τοῦ ἀδικήματος
7,9

κολακεία 6,48

κοσμεῖν - οῦνται 6,20

κρατεῖν abs. 7,25

κράτιστος τῶν ὄντων τὸν -ον 4,5

κρείττων -ον 1,52 -ους 6,27

κρίμα 6,50

κτᾶσθαι pf.: 6,41.96

κτῆμα 6,65

κτῆσις 1,29

κυβερνᾶν 1,85

Λ

λαμβάνειν 1,12.17.20.23 6,7

λαμπρός comp. 5,8 sup. 6,31

λέγειν 1,66.101 5,12 7,18.21.24 - cf.
εἰπεῖν

λιμός 6,53

λιτός τροφῇ τῇ -οτάτῃ 6,14

λογίζεσθαι (ἐκεῖνο ὅτι c. ind. praes.)) 1,40

λόγος εἰς ἀρετῆς -ον συμβάλλεται 6,97
(ἐν αὐτοῖς διῆλθεν) 7,5 - pl.: (ἐν φιλοσοφίᾳ) 1,9 6,51.62 bis 7,20

λοιπός 1,27.99

λυσιτελεῖν 1,92

λωΐων ἐπὶ τὸ -ον ἐκβαίνει 1,61

Μ

μαίνεσθαι 6,10

μακαρίζειν pass. 1,30

μακάριος 6,33.43 εὐδαίμων καὶ μ. 6,30
sup. 6,33

μάλα μᾶλλον: 1,37.51.85.91 4,3 6,51.
78 - μάλιστα: 2,5 5,14 6,79 τὰ μ. 2,6
- ὅτι μ. 6,33

μανθάνειν 1,84 6,39 ὑπὸ τῶν μαθόντων στέργεται 6,79

μαντεύεσθαι 6,75

μάχεσθαι 1,77

μάχη 1,68

μέγας pl. 7,23 - μείζων: 1,44.94.98
-ω 1,88 - μέγιστος 7,38 adv. τὸ -ον 1,40

μέγεθος 1,48

μέλλειν ὑπὲρ τῶν μελλόντων ἐλπίδα 6,46

μέμφεσθαι (περὶ τούτων) 7,7

μέντοι 1,90 3,4 6,27 7,14

μέρος (βασιλείας) 1,82 τὸ καθ' ὑμᾶς μέρος 7,36

μετά c. gen.: 7,21.30 - c. acc.: 1,98 6,59
7,4

μεταδιώκειν (ἀγαθόν) 6,36

μεταλαμβάνειν   (νοῦ) 6,40

μεταπείθειν   (ὡς c. ind. praes.) 6,37

μεταπίπτειν   -πεσούσης: (τύχης) 1,34
   (πολιτείας) 5,7

μεταχειρίζειν   6,66

μέτριος   adv. 6,100

μέχρι(ς)   (νῦν) 1,104   (ἥβης) 6,55

μηδέ   1,32.36   5,13 (Hom.) - cf. οὐδέ

μηδείς   neutr.: 1,20 6,30.89 - cf. οὐδείς

μικρός   7,36 - -οῦ δεομένη (sc. ἡ ἡμετέρα
   πόλις) ἀπειρηκέναι 3,7

μισθός   6,25   pl. 6,76

μνήμη   6,81

μόνος   1,80   6,35 - οὐ(δὲ) -ον ... ἀλλὰ
   καί: 1,46   6,8.51.71.96   μὴ -ον ... ἀ. κ.
   6,11

μυθολογεῖν   1,95

μυρίος   -α 7,14

μύωψ   1,49

N

νέος   παλαιούμενα -α γίνεται 6,78

νή   (Δί') 7,14

νομίζειν   1,9   6,40   pass. 6,10

νόμος   6,55

νόσημα   pl. 7,43

νοῦς   6,40   ἂν πράξητε κατὰ -ν 7,46

νῦν   1,7.86.104   2,5   3,1.8   4,5   6,71.99
   7,3.17.32   εἰ καὶ μὴ ν. αὖθίς ποτε 6,43
   εἴπερ σοί ποτε ἄλλοτε καὶ ν. 7,37

Ξ

ξένιον   τὰ τῶν -ων 2,4

ξένος   -οιν 6,2

O

ὅθεν   1,88   6,23.64.79

οἴεσθαι   1,7.38.43.97.101   3,4   6,23.41
   7,42

οἴησις   (τοῦ εἶναι μακάριος) 6,43

οἴκαδε   1,75

οἰκεῖος   -α ἔχεις παραδείγματα 5,16
   ἔχουσιν -ως 4,6 - οἱ -οι: 5,15   6,81

οἴκοι   οἱ -οι   3,3

οἰκονομεῖν   6,89

οἰκτρός   adv. 6,53

οἷος   adv. οἷον 1,48 - οἷόν τε εἶναι: 6,47.
   85   7,19

ὀκνεῖν   1,54

ὄλεθρος   7,24

ὀλιγαρχεῖσθαι   7,27

ὀλίγοι   1,67.74   ζῆν ἀπ' -ων 6,24 - cf.
   ἥττων, ἐλάττων

ὀλιγοχρόνιος   (χάρις) 6,73

ὀλιγωρεῖν   1,28   6,90

ὀλιγωρία   6,68.88

ὅλως   1,9   7,34

ὁμιλεῖν   ἀνθρώπων -ῆσαι δεινῶν 6,48

ὅμοιος   adv.: (διέκειντο) 1,86   (ἔχουσι)
   6,69   (διακεῖσθαι) 7,16   ἐπίσης ‹καὶ› ὅ.
   1,13

ὁμοῦ   7,31

ὀνινάναι   6,97

ὅπη   (ταύτῃ) 1,102

ὀπηλίκος   τοσοῦτόν γε ... -ον 7,15

ὅπως   c. opt. praes. 3,7 - c. coni. aor.: 6,89
   7,27

ὁρᾶν   1,16.62   6,30.68.88   6,69 (e coni.)
   7,41.43

ὀργή   πρὸς -ήν 1,72

ὀρέγεσθαι   1,95.98   6,95

ὀρθός   adv.: 1,20.38   7,45

ὀρθοῦσθαι   ἐφ' ἧς (sc. παρρησίας) -οῦται
   ὁ βίος 1,102

ὁρμᾶν   intr.: 1,73   5,3

ὅσος 1,64 bis 6,8.15.16.42 - ὅσῳ ... τοσούτῳ 5,8

ὅστις 6,32

ὅτι 1,16.34.40.42.60.85.90.97 bis.103 6, 13.27.52.69.70.76.77.95 7,18.20.38.43 - οὐχ ὅτι γε ... ἀλλὰ καί 6,17 - ὅτι μάλιστα 6,33

οὐδέ 1,19.21.46.47.90.91.104 5,6 6,15. 47.53.57.60.71.76.84.85.90.96 7,15.40 - cf. μηδέ

οὐδείς παρ' οὐδενὸς οὐδὲν εἰληφώς 1,12 οὐχ εὑρίσκω οὐδένα 1,18 6,17.65.76.93.97 7,12.15.34 - adv. acc. οὐδέν: 6,6.9

οὐκέτι 7,15

οὔκουν 6,84

οὖν 1,7.71 4,4 5,7 6,50.88 7,29 - μὲν οὖν: 1,38.50.72.102 2,4 τὰ μὲν οὖν ἐκείνου ταῦτα 4,6 5,3 6,37.61.72.80.98 7, 14.15

οὔπω 3,4

οὐσία δημεύσεις -ῶν 7,42

οὔτε οὔ. ... οὔτε: 1,13-14.42 οὔτε ... τε 1, 9 οὔτε ... τε ... οὐκ 6,23

οὕτω(ς) 1,93 6,37 7,13.40 - οὔ. ἔχειν: 1,59 7,29 - οὔ. διατίθεσθαι: 1,66 6,9

ὄψις κατ' -ιν ἐντυχόντες 6,98

Π

παιδάριον pl. 4,7

παιδεία 1,5.28 4,4

παίδευσις 6,51

παιδίον 6,89

παίζειν 1,73

παῖς 6,5 (e coni.) 6,38.50.55.61.64

παλαιοῦν -ούμενα νέα γίνεται 6,78

παλιμπράτης 1,5 (hap. leg.)

πάμπαν 6,15

πανδημεῖ (πόλεως ἐξεληλυθυίας) 1,69

πάνδημος διανομαῖς καὶ ἑστιάσεσι -οις 6, 22

πάνυ βαρείας π. δεσποτείας 7,47

παρά c. gen.: 1,11.16.20.23 6,7.8 π. τῶν πληθῶν εὐφημίαν 6,22 τῆς π. ἡμῶν ὠφελείας 6,72 - c. dat.: π. τοῖς ἄλλοις νομίζεσθαι 6,10 - c. acc.: (ἥξειν) 1,8 τὰ πραττόμενα π. θεόν 1,62

παράδειγμα οἰκεῖα -ατα 5,17

παραδιδόναι 7,24

παραιτεῖσθαι (ἑκών) 6,9 7,11

παρακαλεῖν c. inf. 1,82 (πρὸς φιλοσοφίαν) 4,2 6,2

παρακατατίθεσθαι 1,17.19

παράπαν 7,35

παραπλήσιος τούτῳ τι -ον 1,96

παρασιτεῖν (ἀγαθῶν) 1,33

παρασκευάζειν med. 1,27 6,35

παραφαίνεσθαι (ὑμετέρων τι ἀλλαχόθεν βέβαιον) 7,33

παρεῖναι 1,68 4,8 7,3.12 οἱ -όντες 7, 17

παρεξιέναι (κακῶς πράττοντα αὐτόν) 6, 84

παριέναι (εἰς τὰ πλήθη) 1,14

παρίστασθαι 1,8

παρορᾶν pass. 1,37

παρρησία 1,101 -αν ἄγων 6,62

πᾶς 1,30.35.76.79 6,39.49 bis.69.82.95 7,19.35.38

πάσχειν 1,33 (ἀνήκεστόν τι) 3,7 7,13.37

πατήρ 5,13 (Hom.) 6,80.86.87

πατρικός (παρρησία) 6,62

πατρίς 1,41 bis

παύεσθαι 7,41

πεζός 1,92

πείθεσθαι 1,51.64.74

πέμπειν abs. 1,53

πένης 6,7

πενία 6,42

περί c. gen.: (εἴρηται) 1,60 (λέγοντι) 1,65 (φρονῶ) 1,93 (πράγματα ἔχοι) 3,7.8 (λέ-

γειν) 5,12   abs. 6,4   (ἐννοούμενος) 6,29
abs. 6,38   (διανοοῦμαι) 6,39   (δέδοικα)
6,78   (ἀκριβὲς τούτων πέρι) 6,98   (ἐμέμφοντο) 7,7   abs. 7,17   (ἀκούοντας) 7,23
- c. acc.: τὰ π. τὸν Βελλεροφόντην 1,95
(ἐσπουδακότων) 6,6   (διαφέροντες) 6,12
(διεστήκαμεν) 6,13   πολυτελείας π. τὴν δίαιταν 6,16   τὰ π. τοὺς φίλους 6,66   (ἐξηπατῆσθαι) 7,40

περιβλέπειν   pass. 1,90

περιγίγνεσθαι   (ἐξ ἀρετῆς ἑκάστῳ) 6,21

περιεῖναι   6,80

περικατάληπτος   1,78

περικλείω   pass. 1,77

περιορᾶν   (ἡμᾶς ἀπορουμένους) 1,23

περιουσία   τὰ εἰς -αν 1,17

περιττεύειν   6,59

πιπράσκειν   (λόγους) 1,9

πιστεύειν   1,68   6,40

πιστός   comp. 1,18   1,21

πλεῖστος   -οι 1,68   adv. -α 6,98

πλείων   πλέονα 1,4   πλείοσι<ν> 1,6   οἱ
πλείους 1,72   πλειόνων 1,78

πλῆθος   1,7   pl.: 1,14   6,22

πλήν   1,31   6,15.77

πλησίον   οἱ π. 6,24

πλοῦτος   1,34   6,6.34 bis

ποιεῖν   1,15.16.88   6,34   7,25   (ἀργυρίου)
1,39   (εὖ) 3,5   (ὀρθῶς) 7,45   - -εῖσθαι:
(διατριβάς) 1,12   (κοινωνὸν τοῦ ἀδικήματος) 7,9   (θανάτους ἀκρίτους) 7,43   (θεραπείαν) 7,44

ποιητής   ὁ π. ('Hom.') 5,13 - pl.: 1,60.
102

πολεμεῖν   (ὑπὲρ ἐκείνου) 5,6

πολέμιος   1,76

πόλεμος   5,14   7,22

πόλις   sg. ('Athenae'): 1,45.47.69   2,3   7,
24 - pl.: 1,62   3,5   7,38

πολιτεία   5,8   7,34

πολιτεύεσθαι   7,27

πολιτικός   τὰ -ά 4,3   6,15.56.62

πολλάκις   6,29

πολύς   1,24.40.60 bis.70.81   3,4   4,6   6,7
bis.18.23.27.31   7,6.30.32.35   - adv. πολύ:
(μᾶλλον) 1,37   ταπεινότερος π. 1,93   (κάκιον) 6,67   ὡς τὸ πολύ 1,65   - cf. μᾶλλον,
μάλιστα, πλείων, πλεῖστος

πολυτελεία   (περὶ τὴν δίαιταν) 6,16

πολυχρόνιος   αἱ -οι τῶν εὐεργεσιῶν 6,73

πονηρία   (τῶν ἀρχόντων) 7,39

πονηρός   (ἰατρός) 7,43

πορεία   τὰ τῆς -ας 2,4

πορεύεσθαι   1,71.75

πορισμός   6,13

πόρρω   (οὐ) 6,63

ποτέ   7,11   εἰ καὶ μὴ νῦν αὖθίς ποτε 6,43
εἴπερ σοί ποτε ἄλλοτε καὶ νῦν 7,37

που   (οὕτω) 1,59

πρᾶγμα   (τὰ) -ατα: 1,97   5,3   7,18.41
περὶ ἐκείνης (sc. 'Αμφιπόλεως) πράγματα
ἔχοι 3,7

πράγος   1,56 (Pind.)

πράττειν   1,39.62.64   τὸ -ειν 1,44   (ὥσπερ) 4,8   (κακῶς) 6,84   (κατὰ νοῦν) 7,46
- pass.: 1,61   7,6

πρέπων   (δίκη) 6,54   (ἀντικτάλλαγμα) 6,
76

πρεσβευτής   2,3

πρέσβυς   7,21

προάγειν   (εἰς τοῦτο ταραχῆς) 1,88

προαγορεύειν   -ηγόρευσα 1,81

προθυμία   πάσῃ -ᾳ 7,19

πρόθυμος   comp. 6,4

προίεσθαι   (πολλὰ τῶν ἰδίων) 1,24

προῖκα   1,23.39

προκαλεῖν   med. (εὐφημίαν) 6,23

προκόπτειν   τὰ δ' ἐμὰ -ουσι τοῖς ἑταίροις
καλλίω φανεῖσθαι 6,75

προνοεῖν   med. 6,38   6,70

πρός   c. gen.: (παίδων) 6,5 (e coni.) - c.
dat.: (τούτῳ) 1,39   (οἷς) 6,44 - c. acc.: π.
τὰ χρήματα πεπονθότα 1,33   (ἔταξεν) 1,50

138

(ἰέναι) 1,52   π. ὠφελείας αὑταῖς γινόμενα
1,64   (οὕτω διετέθησαν) 1,66   (μάχεσθαι)
1,77   (ἀφίκοιτο) 2,3   (ἔρχεται) 3,3   (παρεκάλουν) 4,2   (ἐξορμήσ<εσ>θαι) 4,3   (ἁρμόττουσαν) 4,4   (ἔχουσιν οἰκείως) 4.6
(καλῶς ἔχει) 6,25   (σωθῆναι) 6,47   (ἀγανακτῶν) 6,56   (τοῖς λόγοις) 6,61   (ὁμοίως
ἔχουσιν) 6,69   (ἐπιζητεῖς) 6,99   (γνώμην
εἶχον) 7,3 - adv.: π. ὀργήν 1,72   π. γῆρας
6,78

προσαποστερεῖν   (τῶν ἡμετέρων) 1,25
-εστέρηται τὴν ἐλπίδα 6,45

προσβάλλειν   (κατὰ πᾶν αἰσθητήριον) 6,
49

προσδεῖσθαι   (δυοῖν τούτοιν) 5,14

προσελθεῖν   (αὐτῇ, sc. φιλοσοφίᾳ) 1,11

προσεπιθεωρεῖν   6,11

προσήκειν   τοὺς κατὰ γένος -οντας 6,85

πρόσθεμα   1,32

πρότερον   1,15.23   7,42   τὰ -ον 1,5

πρῶτος   οἱ -οι μυθολογήσαντες 1,95 -
-ον: π. μὲν ... δέ 1,17   π. μὲν ... καὶ πρὸς
τούτῳ 1,38   τὸ μὲν π. ... ὕστερον δέ 1,77 -
πρῶτον μὲν ... ἔπειτα: 1,43   6,6. 41.69

πῶς   1,31

Ρ

ῥάδιος   adv.: 6,37   7,31

ῥώννυσθαι   ἔρρωται 4,7

Σ

σαφής   -ῶς οἶδα 6,28

σημεῖον   τὸ εἰωθὸς σ. 1,71

σκαιός   -ῶς χρήσεται τοῖς λόγοις 6,61

σκέπτεσθαι   6,3

σοφιστής   pl. 1,4   6,77

σοφός   (εἰς τοῦτο) 1,54   comp. 6,32
sup. 6,33

σπουδάζειν   ὑφ' ἡμῶν -εται 2,2   ἐσπουδακότων περὶ πλοῦτον 6,6

στέργειν   pass. 6,79

στρατεία   1,69

στρατηγία   ἐν -αις ἐξετάζομαι 1,42

συγγένεια   (κατὰ φύσιν) 6,83

συγγενής   τὸ -ές 6,86

συκοφαντεῖν   5,8

συλλαμβάνειν   c. dat.:   3,5   7,19 - c.
acc.:   7,8

συμβαίνειν   -ει c. dat.: (ἀπ' αὐτῶν) 1,51
1,70   (ὅθεν) 6,23   7,4

συμβάλλεσθαι   (εἰς ἀρετῆς λόγον) 6,98

συμβουλεύειν   1,45

σύμβουλος   1,63.105

συμμάχεσθαι   1,69

σύμμαχος   7,26

συμφέρειν   τὰ -οντα 1,47   τὸ -ον 7, 40

συμφορά   pl.: 1,95.98

συναγορεύειν   (ἐν τῷ δήμῳ αὐτοῖν) 6,3

συναποτρέπεσθαι   -απετράποντο 1,74

συναρέσκειν   1,104

συναρτᾶν   -ηρτημένοι αὐτῷ 6,83

συνέρχεσθαι   οὐ φορτικῶς ἡμῖν -εληλυ-
θότας 6,71

συνεχής   7,35

συνιέναι (-ίημι)   (γώμην) 1,3

συνιστάναι   pass. 3,2 - med.: πολέμοις
-εστηκότας 7,22   τῷ -εστηκότι αἰτίῳ 7,44

σφόδρα   (ἄηθες) 1,10   comp. 5,9

σχεδόν   1,59   4,5

σχολή   ἄγω -ήν 1,26

σῴζειν   1,80   2,6   σωθῆναι πρὸς ἀρετήν
6,47

σωματικός   τὰ -ά 6,12 (e coni.)

σωφρονικός   (κρίμα) 6,50

σώφρων   6,16

T

ταπεινός comp. 1,93

ταράττειν pass.: 7,19.41

ταραχή 1,87 2,5 7,23

τάττειν (πρὸς ἅ) 1,50

ταύτῃ (ὅπη) 1,103 (ὅτι) 6,94

τάχα 2,3

τελευτᾶν 6,8.53.57.70.81.87.90

τελευτή 1,58 (Pind.)

τηρεῖν (ἀργύριον) 1,26

τιθέναι c. inf. 5,14 med. c. dupl. acc. 6,88

τίκτειν (ἀμοιβήν) 6,74

τιμᾶν pass.: 1,34.36 bis

τιμή 6,80

τίμιος comp. 6,65

τίς (ἀνάγκη) 6,50

τις παλιμπράτην τινὰ 1,5 ἄλλοι τέ τινες
1,15 ὀλίγοι δέ τινες 1,74 τις ἐξ αὐτῶν 1,
75 τινες τῶν ἐνταῦθα 5,4 τινες 5,8 τῶν
ἡμετέρων τινὰ ἑταίρων 6,3 τις 6,37 τις
ἀνήρ 6,56 τῶν οἰκείων τινὰ 6,81 τρόπον
τινὰ 6,83 τις λόγος 7,5 τῶν ἐνταῦθά τινες 7,20 - χρείας τινας 1,41 ἐπὶ διαβάσεώς τινος 1,70 - τι: τι ποιήσειν 1,39
τούτῳ τι παραπλήσιον 1,96 ἀνήκεστόν τι
παθεῖν 3,6 τι τῶν ἀληθῶν 6,26 καθ' ὅ
τι 6,29 τι καλὸν κρίμα 6,19 τι τοιοῦτον
7,11 τῶν ὑμετέρων τι 7,33

τοιγαροῦν 1,29

τοίνυν 6,13

τοιοῦτος 6,47 7,11

τόλμα 1,87

τόπος 1,97

τοσοῦτος 1,45 -ον : (ὅσον) 6,41 (ὁπηλίκον) 7,14 - ὅσῳ ... τοσούτῳ: 5,9

τότε 1,6.68 6,72.80 7,26

τραυματίας 1,79

τριάκοντα οἱ τ. 7,4

τρόπος ὃν -ον: 2,2 6,19 -ον τινὰ ἕτερον
6,83

τροφή 6,14 pl. 6,58

τυγχάνειν c. part. 6,63 ὁ δὲ δόκιμος φίλος αἱρετώτερος -ει 6,94 c. gen. 6,80

τύχη 1,34.88

Y

ὑγιής τὸ -ές 1,52 οὐδὲν -ές 7,34

υἱός υἱεῖ 6,87 υἱεῖς: 6,57.82

ὑπαπιέναι 1,70

ὑπάρχειν 1,21.25.62 2,5 6,33.42

ὑπέρ c. gen.: (πολεμεῖν) 5,6 τὴν ὑπὲρ τῶν
μελλόντων ἐλπίδα 6,45 (ἐπιστέλλειν) 7,2

ὑπερβάλλειν (τῷ μηδενὸς δεῖσθαι ἡμᾶς)
6,30

ὑπερβολή pl. 1,7

ὑπερορᾶν (τοὺς προσήκοντας) 6,85

ὑπηρετεῖν 6,3.96

ὑπισχνεῖσθαι 1,4.7

ὑπό c. gen.: 1,7.48.78.94 2,2.3 3,3 5,6
6,42.43.44.48 bis.55.79.93 7,34

ὑπόδημα 6,15

ὑπολαμβάνειν 1,19.38 5,9 7,3

ὑπομιμνήσκειν (πατρός) 6,87

ὑπονοεῖν 1,5 -είσθω 1,103

ὑποπτεύειν pass. 7,5

ὑπόρχημα 1,59

ὑστερεῖν (μηδὲν τῶν ἀναγκαίων) 6,89

ὕστερον 1,77 7,6

ὑφηγεῖσθαι 4,4

ὑψηλός comp. 1,97

Φ

φαίνεσθαι c. inf.: 1,5 6,35.63 - c.
part.: 1,28 6,12 - τὰ δ' ἐμὰ καλλίω φανεῖσθαι 6,75

φάναι 1,27.41.54.76.82 (οὔ) 1,84 5,5 (e
coni.) 6,4.27.38 7,13.29

140

φανερός 3,4

φαῦλος 1,19 adv. 6,68

φέρειν med. (μισθόν) 6,25

φθείρειν pass.: 6,44.53 - cf. διαφθείρειν

φιλεῖν c. inf. 6,79

φιλία 6,77

φίλος 1,24.25.31.102 2,6 5,15 6,8.65.
  66.69.94.95

φιλοσοφεῖν 1,11.14

φιλοσοφία 1,9 4,2 6,77

φιλόσοφος 1,1 (tit.) 2,4

φοβερός (ἀντιπάλοις) 5,16

φορτικός οὐ -ῶς ἡμῖν συνεληλυθότας 6,
  71

φρονεῖν 6,43 c. adv.: (ὀρθῶς) 1,20
  (οὕτω) 1,94 (εὖ) 6,40

φρόνιμος (πόλις) 1,63

φυγή 1,69 -ὰς ποιούμενοι 7,42

φύλαξ 1,21

φυλάττειν (φίλους) 6,65 (γνώμην) 7,4

φύσις pl. 5,10 6,31 - κατὰ -ιν: 6,19.83

φωνή τὸ γὰρ δαιμόνιόν μοι, ἡ φ., γέγονεν
  1,72

X

χαίρειν 1,36

χαλεπός (δεσποτεία) 7,47

χαρίζεσθαι 2,6 6,4 (ταῖς ἀπορρήτοις
  ἡδοναῖς) 6,18

χάρις 1,21 6,73 χάριν c. gen. 1,27

χειμών gen. temp. 6,14

χορηγία ὑπὸ -ας φθειρόμενος 6,44

χρεία pl.: (πατρίδος) 1,41 πατρίδι -ας
  ἐκτελεῖν 1,41 (βίου) 6,96

χρή 6,11 ἂν ἐχρῆν 6,34

χρῆμα τὰ -τα: 1,33 6,67.90.91 7,9

χρηματισμός 1,29 6,4

χρῆσθαι συμβούλῳ τῷ θεῷ: 1,63.105

(τροφῇ καὶ ἐσθῆτι) 6,14 (ὑποδήμασι) 6,15
(λόγοις) 6,61

χρῆσις (τῶν σωματ<ικ>ῶν) 6,12

χρηστός (ἐλπίς) 6,46 οἱ -οί 1,20

χρόα 6,19

χρόνος οὐ πολλοῦ χρόνου 3,4 7,16

χρυσίον 6,40.64.95

χρυσός 6,64

χρῶμα ἐπακτοῖς -σιν 6,20

χωρεῖν (τἀκεῖ) 5,9 (τὰ πράγματα) 7,17

χωρίς c. gen.: 6,97 ἧς χ. 7,5

Ψ

ψυχή 6,49.86.97

Ω

ὤ 7,13.14

ὡς = ὥσπερ: 3,7 6,2.82 - οὕτως ... ὡς
  7,29 - = ἐπεί 1,70 - = ὅτι: 5,4.14 6,
  37.67 7,5.11 - c. part. fut. 1,83 bis -
  praep. c. acc.: 5,3 7,36 - ὡς τὸ πολύ 1,65

ὥσπερ 1,4.49.91 4,7 6,77.85

ὡσπερεί c. part. 1,73

ὥστε c. inf.: 1,26.36 7,40 - ὥ. δῆλον ὅτι
  c. ind. praes. 7,37

ὠφέλεια pl. 1,64 6,44.72.74

ὠφελεῖν (καθ' ὃ) 1,43 (πόλεις) 3,6

6.2 Index nominum

Α

'Αθήναζε 3,2 - 'Αθήνησι 1,8 4,5

'Αθηναῖοι 5,5

'Αμφιπολίτης 3,2.7

'Αρχέλαος 1,2 (tit.; e coni.)

'Ασία 5,3

Β

Βελλεροφόντης 1,96

Δ

Δελφοί 1,63

Δήλιον 1,68

Ε

Ἑλληνίς 1,63

Ζ

Ζεύς (νὴ Δί') 7,14

Θ

Θῆβαι 5,2

Θηβαῖοι 7,18.26.30

Θόλος 7,7

Κ

Κορίνθιοι 7,26

Κριτόβουλος 4,2

Κῦρος 5,3.5

Λ

Λακεδαιμόνιοι 5,6 7,22.24.31

Λακεδαίμων 7,20

Λέων 7,8

Μ

Μνήσων 3,2 (e coni.)

Ξ

Ξανθίππη 4,7

Ξενοφῶν 2,1 (tit.) 5,1 (tit.)

Π

Πειραιεύς 7,8

Πελοπόννησος 2,3

Πίνδαρος 1,54

Ποτίδαια 3,2.8

Πρόξενος 5,2

Πυθαγόρας 1,14

Σ

Σωκράτης 1,1 (tit.) 1,2 (tit.) 1,5.38 2,1 (tit.) 3,1 (tit.; e coni.) 4,1 (tit.; e coni.) 5,1 (tit.; e coni.) 6,1 (tit.; e coni.) 7,1 (tit.; e coni.). 7,5.13 - praeterea sub ἐγώ, (ἐ)μοῦ etc. passim

Χ

Χαιρεφῶν 2,1

Χαρικλῆς 7,12.14